中华文化风采录

美好生活品质

时尚的佩饰

徐雯茜 ◎ 编著

北方妇女儿童出版社

·长春·

U0312474

图书在版编目(CIP)数据

时尚的佩饰 / 徐雯茜编著. —长春：北方妇女
儿童出版社，2017.5（2022.8重印）
（美好生活品质）
ISBN 978-7-5585-1055-7

Ⅰ. ①时… Ⅱ. ①徐… Ⅲ. ①服饰文化－介绍－
中国－古代 Ⅳ. ①TS941.742.2

中国版本图书馆CIP数据核字(2017)第103424号

时尚的佩饰
SHISHANG DE PEISHI

出 版 人	师晓晖	
责任编辑	吴　桐	
开　　本	700mm×1000mm　1/16	
印　　张	6	
字　　数	85千字	
版　　次	2017年5月第1版	
印　　次	2022年8月第3次印刷	
印　　刷	永清县晔盛亚胶印有限公司	
出　　版	北方妇女儿童出版社	
发　　行	北方妇女儿童出版社	
地　　址	长春市福祉大路5788号	
电　　话	总编办：0431-81629600	

定　　价　　36.00元

习近平总书记说："提高国家文化软实力，要努力展示中华文化独特魅力。在5000多年文明发展进程中，中华民族创造了博大精深的灿烂文化，要使中华民族最基本的文化基因与当代文化相适应、与现代社会相协调，以人们喜闻乐见、具有广泛参与性的方式推广开来，把跨越时空、超越国度、富有永恒魅力、具有当代价值的文化精神弘扬起来，把继承传统优秀文化又弘扬时代精神、立足本国又面向世界的当代中国文化创新成果传播出去。"

为此，党和政府十分重视优秀的先进的文化建设，特别是随着经济的腾飞，提出了中华文化伟大复兴的号召。当然，要实现中华文化伟大复兴，首先要站在传统文化前沿，薪火相传，一脉相承，弘扬和发展5000多年来优秀的、光明的、先进的、科学的、文明的和自豪的文化，融合古今中外一切文化精华，构建具有中国特色的现代民族文化，向世界和未来展示中华民族具有独特魅力的文化风采。

中华文化就是中华民族及其祖先所创造的、为中华民族世世代代所继承发展的、具有鲜明民族特色而内涵博大精深的优良传统文化，历史十分悠久，流传非常广泛，在世界上拥有巨大的影响力，是世界上唯一绵延不绝而从没中断的古老文化，并始终充满了生机与活力。

浩浩历史长河，熊熊文明薪火，中华文化源远流长，滚滚黄河、滔滔长江是最直接的源头，这两大文化浪涛经过千百年冲刷洗礼和不断交流、融合以及沉淀，最终形成了求同存异、兼收并蓄的辉煌灿烂的中华文明。

中华文化曾是东方文化的摇篮，也是推动整个世界始终发展的动力。早在500年前，中华文化催生了欧洲文艺复兴运动和地理大发现。在200年前，中华文化推动了欧洲启蒙运动和现代思想。中国四大发明先后传到西方，对于促进西方工业社会形成和发展曾起到了重要作用。中国文化最具博大性和包容性，所以世界各国都已经掀起中国文化热。

中华文化的力量，已经深深熔铸到我们的生命力、创造力和凝聚力中，是我们民族的基因。中华民族的精神，也已深深根植于绵延数千年的优秀文化传统之中，是我们的精神家园。但是，当我们为中华文化而自豪时，也要正视其在近代衰微的历史。相对于5000年的灿烂文化来说，这仅仅是短暂的低潮，是喷薄前的力量积聚。

中国文化博大精深，是中华各族人民5000多年来创造、传承下来的物质文明和精神文明的总和，其内容包罗万象，浩若星汉，具有很强的文化纵深感，蕴含丰富的宝藏。传承和弘扬优秀民族文化传统，保护民族文化遗产，已经受到社会各界重视。这不但对中华民族复兴大业具有深远意义，而且对人类文化多样性保护也是重要贡献。

特别是我国经过伟大的改革开放，已经开始崛起与复兴。但文化是立国之根，大国崛起最终体现在文化的繁荣发展上。特别是当今我国走大国和平崛起之路的过程，必然也是我国文化实现伟大复兴的过程。随着中国文化的软实力增强，能够有力加快我们融入世界的步伐，推动我们为人类进步做出更大贡献。

为此，在有关部门和专家指导下，我们搜集、整理了大量古今资料和最新研究成果，特别编撰了本套图书。主要包括传统建筑艺术、千秋圣殿奇观、历来古景风采、古老历史遗产、昔日瑰宝工艺、绝美自然风景、丰富民俗文化、美好生活品质、国粹书画魅力、浩瀚经典宝库等，充分显示了中华民族厚重的文化底蕴和强大的民族凝聚力，具有极强的系统性、广博性和规模性。

本套图书全景展现，包罗万象；故事讲述，语言通俗；图文并茂，形象直观；古风古雅，格调温馨，具有很强的可读性、欣赏性和知识性，能够让广大读者全面触摸和感受中国文化的内涵与魅力，增强民族自尊心和文化自豪感，并能很好地继承和弘扬中国文化，创造未来中国特色的先进民族文化，引领中华民族走向伟大复兴，在未来世界的舞台上，在中华复兴的绚丽之梦里，展现出龙飞凤舞的独特魅力。

饰物出现——佩饰渊源

不断丰富——发展潮流

兼融天下——千变万化

华彩浓妆——时尚追求

我国古代先民在旧石器时代，就会将贝壳、玉石、兽骨以及果核等物穿在一起佩戴于身上，他们相信这些东西能够辟邪，有些作为财富的象征，还有一些作为随身携带的工具。原始佩饰艺术的萌芽，表明人们已注意到人体整体的装饰美。

我国上古黄帝时期，不仅有上衣下裳之制，还有衣饰、头饰、鞋饰等的规定。夏商周时期定制的"十二章"纹样具有开创意义，而春秋战国时期佩饰艺术的礼教、等级及工艺都发展到了一个新的阶段。此时对美的追求，使我国古代服饰及制度逐步形成并流传下来。

饰物出现

我国远古佩饰的出现

山顶洞人佩戴项饰

我国古代的佩饰行为始于旧石器时代，当时的人们会将许多小物件佩戴在身上，其材料主要为石英石、砾石、石墨、玛瑙、黑曜石，还有兽牙和蚌壳等其他物件。

原始人类从头部到颈部、胸部、手部都有佩饰，表明当时的人们已注意到人体整体的装饰美，反映了当时人们对美的追求与渴望。距今约1.8万年前的旧石器时代晚期的山顶洞人，已经学会用骨针缝制兽皮的衣服，并用兽牙、骨管、石珠等作为饰品装扮自己。

在山顶洞人遗址曾发现穿孔的兽牙125枚，以獾的犬齿为多，狐狸的犬齿次之，并有鹿、狸、艾鼬的牙齿和一枚虎牙，均在牙根一端用尖状器刮削成孔，出土时，发现有5枚穿孔的兽牙

■ 古代骨针

是排列成半圆形的，显然是原来穿在一起的串饰。另有骨管、带孔蚌壳、青鱼上眼耳、砾石、石珠10余枚，其小孔是从两面对钻的，这是钻孔技术发展到一定水平的标志。

在山顶洞出土了一枚磨得细长，一端尖锐，另一端有直径1毫米的针孔的骨针，针长82毫米，针粗直径3.1毫米至3.3毫米，这是缝制兽皮衣服的工具。缝线可能是用动物韧带劈开的丝筋，我国鄂伦春族人至今还保留着这种古老的缝制方法。

后来考古发现，山顶洞人所佩戴饰品的穿孔边沿，几乎都带有红色附着物，似乎他们将所穿戴饰物都经过赤铁矿的研磨粉染过。山顶洞人不仅关心现实生活的美，而且逐渐懂得表达对死者的关怀，他们将死去的亲人加以埋葬并举行仪式，还在死者身边撒下红色赤铁矿粉末，以表示祭祀或标记。

红色在原始人意识中是血液的象征，失去血液便失去生命，使用红色有祈求再生之意，说明原始人的

旧石器时代
（距今约300万年－约1万年），以使用打制石器为标志的人类物质文化发展阶段。中华文明的萌动，从170万年以前的元谋猿人就已经开始了。考古发现证明，元谋人使用石器捕猎，确证了我国古人类的历史起源和存在。

■ 原始古玉

新石器时代 在考古学上石器时代的最后一个阶段，以使用磨制石器为标志的人类物质文化发展阶段。属于石器时代的后期，年代大约从1.8万年前开始，结束时间在公元前5000多年至前2000多年不等。我国大约在公元前1万年就已进入新石器时代。

色彩观念是和原始宗教观念交织在一起的。

我国原始民族这种爱美的观念，贯穿于当时人们的整个生活之中。到了距今大约5000年前的新石器时代，人类社会正处于文明起源阶段，而人类萌发审美意识，是人类文明史上的一次飞跃。

这一时期，人们的佩饰更加丰富，形式已不限于项链、腰饰等，还出现了笄、梳篦、指环、玉块、手链等。佩饰的材质也相当丰富，仅出土的梳篦的材质就有骨、石、玉、牙等。

另外还出现了一种极具特色的佩饰，被称为"带钩"。带钩就是腰带的挂钩，最初多用玉制成，发展到春秋战国时期最为盛行，材料也更加丰富。

我国古代佩饰主要分为两大类：其一，固定的佩饰。即直接在人的皮肤上刺绘纹饰，或人为地使局部肌肉结疤及人体局部变形、缺损等人体佩饰形式，如绘身、文身和割痕、烫痕和拔牙等。

其二，不固定的佩饰。即指一切人体上穿戴、佩戴或附着于人体上的经过加工的佩饰品。如在人体上佩戴各种材质的带饰、条饰以及环饰等。

绘身，即绘画身体以为佩饰，这种风俗极为常见。绘身的主要颜色是红色，因为红色似乎特别为原始民族所喜爱。

在西安半坡仰韶文化遗址中出土的两件彩陶盆底所绘的人面鱼纹，二者面部均绘有彩纹，局部涂彩，位置又同是人面的颊部和额头，颊部图案也相同，唯有额部图案有差异，前者中间留倒三角形空白，后者左上角留月牙形空白。

又如宝鸡北首岭仰韶文化遗址出土的一件施红彩的彩塑人头像和辽宁牛河梁红山文化女神庙遗址出土的一件施红彩的彩塑人头像等，都证明史前人类有着涂朱或绘面的风俗。

因为身体上的绘画容易褪色，所以就产生了两种方法能够使纹饰永久性地保留在身上，这就是文身和割痕。

文身的方法是用带尖锋的工具点刺皮肤，使其成为连续的点状图案，然后将所需染料渲染在点状团内，待炎症过后，显出的纹样便不再褪落。

在安徽蚌埠双墩新石器时代中期遗址出土了一件模拟男童塑造的陶塑纹面人头像，额头正中用小圆头器物戳印"一"字形排列的5个小酒窝，左右对称，以表示纹面，其年代与西安半坡仰

良渚文化玉器

韶文化遗存的年代相当。证明早在新石器时代我国已有纹面的风俗。

古代文献中也有大量对文身的记载，例如《汉书·西南夷传》中就记载西南地区少数民族"刻画其身，像龙纹"。《隋书·东夷传》载台湾的"妇人以墨黥手，为虫蛇之纹。"而在后来一些民族中，文身屡见不鲜。

有意识地拔掉侧门牙、犬牙或中门牙，人为造成缺损，也是人体佩饰的一种。在我国发现有拔牙习俗的原始文化及遗址有许多处。

有资料表明，拔牙习俗最早产生并流行于大汶口文化时期，最盛行的当数黄河下游的鲁南、苏北一带，直至近代，拔牙之俗还保留在云贵川地区的某些少数民族当中。

至于人体上的不固定佩饰，在我国史前各类文化遗址中多有发现。从材料上看，有石、绿松石、玉、玛瑙、牙、蚌、骨、陶等；从种类上看，有环、珠、坠、串、笄等，其数量更是不胜其数；从佩饰的部位来分有头饰、颈饰、肢体饰等。

我国新石器时代文化遗址中有大量头饰出土，头饰包括头发、额部和耳垂的佩饰。梳妆用品发现有梳、笄、约发器等，说明当时人们已不再是披头散发了，而是采用梳子梳理，并用笄或约发器束成一定的发型，额部套上头串饰，耳悬耳坠。

史前人类的发饰是多种多样的。元君庙仰韶文化墓地出土的笄，大都位于妇女头顶，长二三十厘米；在青海大通县孙家寨马家窑文化出土的彩陶盆内壁所绘人物的脑后都有一束发状物。

颈饰的饰物可谓最多。上海青浦福泉山良渚文化墓地2号墓主的胸部，发现了1串由47颗玉珠、6件玉锥形坠和2件玉管穿成的项饰；北阴阳营遗址发现人颏骨下有玉璜或玛瑙的项饰。

肢体饰即臂与腿的佩饰，它类似于颈饰。原始人所佩戴的环带等饰物很多，手腕、脚腕上特别丰富，腰部也多系带，以为佩饰。

我国古代佩饰艺术如同无声的语言，默默地告诉我们，当时的人们是如何在简陋的生活条件下顽强地追求美、塑造美的。古代先民的这种对美的渴望与追求，使人们既改变了自己，又美化了生活，从而一步步地迈向文明社会。

佩饰渊源　饰物出现

阅读链接

当地球经过最后一次严寒的冰期，也就是大理冰期之后，迎来了全新世冰后期温暖的气候环境，中华祖先继承了漫长的旧石器时代积累的经验，进入了农耕畜牧阶段，改变了被动向大自然觅取食物为主动生产；养殖生活资源。

当时，人们建造房屋，改变穴居方式。男子出外狩猎，打制石器，琢玉；女子从事采集、制陶，发明纺麻、养蚕缫丝，纺织毛、麻、丝布以及缝制衣服。改变了原始的裸态生活，进入戴冠衣裳、佩戴首饰的文明启蒙阶段。

黄帝确立服饰的制度

　　黄帝生活在新石器时代，是当时的氏族部落联盟首领。在同其他部落的战争中，黄帝打了很多胜仗，并统一了很多部族，于是取得了领导的地位。

黄帝巡猎艺术画

■ 古代狩猎场景

当时，黄帝看到人们衣着不堪，既不雅观，也因衣不蔽体而饱受寒冬酷暑的折磨，就教人们把裹身的兽皮和麻葛分成上、下两部分，上身为"衣"，缝制袖筒，呈前开式，下身为"裳"，前后各围一片，起遮蔽之用。同时确定，黑中带红的玄色为上衣的颜色，黄色为下裳的颜色。

黄帝不仅开创了"上衣下裳"的服装形制，还发明了鞋帽及其饰品。

有一年冬天，黄帝派大臣胡巢和于则两人进山打猎。在山林里，猎人们各个腰缠兽皮，赤脚露头，每天在山林里和野兽搏斗，获得了大量的猎物。在他们准备返回的时候，气候突然变得更加寒冷起来，尽管他们燃起熊熊篝火，但是仍然抵挡不住严寒的侵袭。

由于天气酷寒，胡巢带领的50多名打猎的同伴儿，在一夜之间，就有20多人把耳朵冻掉。于则带领

于则 则，是黄帝的裔孙，发明家。发明了用麻编织的鞋子，结束了人们光着脚走路的历史，因功被封于于，即现在的河南内乡县，所以被称为于则。于则的子孙后代以封地为姓，称为于氏。通常认为，于则是于姓的始祖。

■黄帝塑像

的30多人，有一半人把双脚冻烂，无法行动。

在一望无际的深山野林里，怎样才能避免更多人被冻伤呢？胡巢正为此着急时，发现眼前的一片树林里，树杈上有着不少鸟窝，冬天来临后，鸟儿又飞到温暖的南方去了，现在树杈上的鸟窝都是空的。

胡巢随手拿起一块石头，看准树上的一个鸟窝用力甩去，一下子就把鸟窝打下来了。他拾起来仔细看了看，又用手在鸟窝里外摸了摸，发现鸟窝是用细草和动物毛发织成的，既绵软，又暖和。他随手就给身边一个冻掉耳朵的人戴在头上。

周围其他人看到后，也纷纷上树去摘鸟窝，不大工夫，人人头上都戴上了鸟窝，这样，再也不会冻掉耳朵了。

于则带领的另一路打猎队伍，遇到了大风雪。他们光着脚行走在深雪里，已经冻得麻木，不能继续前进了。于则坐在一棵大树下，心急如焚，他自己的两只脚也冻得快要失去知觉了。为了活动取暖，于则两只脚不停地往一棵大树上蹬。

不知蹬了多长时间，于则感到自己的脚似乎蹬进树身里了，开始他还不相信，人的脚怎么能蹬进树身里呢？但他仔细一看，用手摸了摸才发现，原来这棵树的树芯非常绵软，只是外面包着一层硬皮。

于是，于则灵机一动，马上动员大家一齐动手，把这树砍倒，截成二尺长的短节，每人根据自己脚的大小，用刀将内部掏空，再往里边塞些干草，穿在脚上，既松软，又暖和。走起路来虽然有些不便，但是毕竟比光着脚在雪里行走要好多了。

不到半天时间，30多名猎人脚上都穿上了这种用软木做的木屐。他们再也不怕在冰天雪地里冻坏双脚了。

当胡巢和于则带领的两支打猎队伍抬着各种猎物回来的时候，黄帝亲自带领臣民远道迎接。

人们发现打猎回来的人，有的头戴鸟窝，有的脚穿木屐，腰缠兽皮，显得格外威武，连黄帝也觉得很奇怪。胡巢和于则就把他们进山的经过一一向黄帝作了汇报。

黄帝听后，大加赞扬，决定给胡巢和于则各记一功，命仓颉给他们刻字留名。黄帝命令把头上戴的鸟窝叫"帽子"，把脚上穿的木屐叫"鞋"。

从那时起，服饰就发挥着保护和装饰人体等功能。黄帝对衣饰、头饰、鞋饰的规定，不仅象征性地体现了古代先民的等级以及审美观念，而且使人们的服饰比以前大为改观，增强了服饰的实用性。从此以后，人类服饰及其制度就发展起来了。

阅读链接

黄帝少年时思维敏捷，成年后聪明坚毅。当时蚩尤暴虐无道，兼并诸侯，酋长们互相攻击，战乱不已。炎帝无可奈何，求助于黄帝。黄帝毅然肩负起安定天下的重任，在涿鹿打败蚩尤，被诸侯尊为天子，取代炎帝，成为天下的共主。因有土德之瑞，故称为黄帝。

黄帝在生产生活方面有许多发明创造。其中在缝织方面，发明了机杼，进行纺织，制作衣裳、鞋帽、帐幄、毡、衮衣、裘、华盖、盔甲、旗、胄等，并开了我国服饰制度的先河。

春秋战国时的饰物

　　春秋战国时期继承了商周时期佩饰艺术的传统，除形式的装饰美和材质的珍贵之外，也带有礼教德操和社会等级地位的内涵，至于工艺技巧则发展到更加精美的程度。

　　这一时期的佩饰物品，包括发饰、耳饰、颈饰、臂饰、腰饰带钩、佩玉、佩璜以及金属工艺装饰等。

■ 错金银云纹车饰

梳篦是梳理头发的用具，也把梳篦插在头发上作为装饰。春秋战国梳篦的形状，背部呈圆弧形，表面有对称纹饰。梳的形状向扁长而低的形状变化，梳齿也更多了，更便于使用。

春秋战国时期梳篦实物，有河南淅川春秋时期墓出土的玉梳、山西长治分水岭春秋时期墓出土的竹梳、湖北江陵拍马山和四川青川战国时期墓出土的木梳等。

■ 龙形玉佩

在山西侯马出土的春秋时期人纹陶范中，女子的头上插着双角形篦，其背部呈弯角形，与商周的梳篦背上缘近乎平直，背正中有凸起物不同，故也有人认为是角形冠。

小型的玦是古代从新石器时代流传下来的一种耳饰，春秋战国的玉玦，有圆形缺口、素面无纹的，有雕琢成纹饰的，有呈柱状加缺口的。战国时期的中山国墓出土有夔龙首黄玉玦一件，广东曲江石峡墓出土了圆廓外4个半月形突饰的玉玦，这些玉玦的外形有呈柱形的，有呈椭圆形且孔不居中的，有上宽下窄的椭圆形的，形制多种多样。

颈饰是原始社会就普遍佩戴的装饰，春秋战国时期的颈饰出土数量很多。安徽寿县蔡侯墓出土绿松石1000多粒，均有穿孔，大小不一，装一盒中，又有穿

中山国 春秋战国时期诸侯国。前身为北方狄族鲜虞部落，姬姓。国土在燕赵之间经历了戎狄、鲜虞和中山3个发展阶段，在每个阶段都被中原诸国视为华夏的心腹大患，经历了邢侯搏戎、晋侯抗鲜虞的事件。后被魏乐羊、吴起统率的军队占领，从此一蹶不振。

孔骨珠100多粒。排成两圈，每隔两排4颗小的，用1颗大的将两排连在一起，穿成大小相间、单双相连的形状。

山西侯马上马村春秋时期墓出土两条玉串，大的一串由玛瑙珠、骨珠、玉珠、玉环、玉兽等20枚组成，珠的形状有枣形的、管状的、珠形的、六菱形的、长方形的，都有穿孔。小的由11枚组成，形式质料相同，出土时置于墓主人胸部。

河北怀来北辛堡两座燕国墓，一座出土绿松石串珠264枚，另一座出土1975枚。前墓所出除少数较大外，多数都很小，有的如绿豆，有的如粟粒大小，且都有穿孔，出土位置在墓主人的颈部。后墓出土的除绿松石外，还有白石制成的串珠。战国时期中山国王墓出土玛瑙项链2串，一串222粒，另一串74粒，均呈管形，做工细腻精美。

玉瑗是我国从新石器时代流传下来的一种臂饰，扁圆而有大孔，即扁圆环形。战国玉瑗形状与新石器时代的瑗有所区别，表现在战国玉瑗纹饰渐多，有些作为纽丝纹的玉瑗，中央加厚，两边变薄，剖面如枣核形。

西周玛瑙玉珠项链

在纹饰内容方面，战国时期玉瑗的纹饰以毂纹和云雷纹居多，也有变化成一条首尾相接的龙形或变化成筒形的。

春秋战国时期的指环也有出土，山西侯马上马村春秋时期墓出土两件血红色的玛瑙指环，断面呈六角形，使后人得以了解这一时期的指环形制。

玛瑙古称琼，又称赤玉。据《后汉书·东夷传》记载：

东北的扶余、挹娄出赤玉，也就是产玛瑙，有"玛瑙无红一世穷"的说法。

在新石器时代的良渚文化遗址中，曾多次出土玉带钩，大多出于尸骨的下肢部位。商周时期的腰带多为丝帛所制的宽带，又名绅带。绅即丝带束紧腰部后下垂的部分。

■ 战国时期人们佩戴的金项圈

女子的腰带也用丝质，下垂部分称作襘襟。女子的长腰带称作绸缪，打成环状结并易于解开的称作纽，打紧死结不易解开的称作缔。因为在绅带上不好钩挂佩饰，所以又束革带。只有贫寒的人才把革带束在外面，有身份和地位的人都把革带束在里面，再在外面束绅带。

西周晚期至春秋早期，华夏民族采用青铜带钩固定在革带的一端上，只要把带钩钩住革带另一端的环或孔眼，就能把革带钩住。使用非常方便，而且美观，所以就把革带直接束在外面了。革带的制作也越来越精美华丽，后来不但把革带漆上颜色，还镶嵌金玉等装饰。

到战国时期，腰带带钩的功用已经有多种。一种是横装于带端，用来搭接革带两端的；另一种是与环相配，直挂在革带上钩挂佩饰的；还有一种较长的衣钩可装于衣服肩部，钩挂衣领，或装于衣领，钩挂衣服于肩部，这种衣钩仍在和尚的袈裟上使用。

扶余 古国名，亦作夫余，是居住在我国东北部的古老民族扶余人所建立的东北亚国家。扶余人聚居于今日我国东北，那里谷物丰盛，余粮颇多。扶余国从立国到被高句丽灭国为止，历时约700年。后世的高句丽、百济都是扶余国的延续。

战国时期的带钩形制有多种类型，形式也有多种变化，但钩体都呈"S"形，下面有柱。比如，形制像螳螂之腹，钩短，呈龙首或鸟首形，下有圆柱，近于一端，柱顶圆形；做成方形的带钩，钩短，呈兽首形，下方有方柱，近于一端，柱顶较为粗大；还有一种呈圆形、细长颈、短钩，下有圆柱，等等。

带钩的材质高贵，有玉石、金银、青铜和玛瑙等。工艺精美，制作上除雕镂花纹外，有的在青铜上镶嵌绿松石，有的在铜或银上鎏金，有的在铜、铁上错金嵌银，即金银错工艺，制作十分考究。

在我国北方居住的匈奴、东胡等部族也在革带上使用一种类似带钩的金属装置，即在革带上装斗兽纹铜饰牌，用铜镳扣结。这类革带在用镳扣结和装饰牌等方面都与中原革带的带钩不同，属于不同发源地的带饰。

古人佩玉大有讲究，佩有全佩、组佩及礼制以外的装饰性玉佩。全佩由珩、璜、琚、瑀、冲牙等组合。组佩是将数件佩玉用彩组串联，悬挂于革带上。

战国时期墓出土的10件组佩彩绘俑中，有一件高64厘米，身穿

■ 镶绿松石铜带钩

交领右衽直裾袍，宽袖，袖口饰菱纹缘，腰悬穿珠，玉璜、玉璧、彩结、彩环组佩，后背腰束黄、红相间的三角纹锦带，衣襟内露出鲜艳的内衣，气度不凡。

装饰性玉佩包括生肖形玉佩、人纹佩、龙纹佩、鸟纹佩、兽纹佩等，这类玉佩比商周时期细腻精美，逐渐演

变为佩璜和系璧。

更为精巧的则是镂空活环套扣的玉佩。例如，1978年湖北随县擂鼓墩战国早期曾侯乙墓出土的青玉4节佩，长9.5厘米，宽7.2厘米，厚0.4厘米，系由3个镂空的活环套扣相连，可开可合；3个活环上饰有首尾相连的蛇纹，4节皆镂空，刻有不同姿态的龙纹，最上面1节有穿孔，可佩挂。

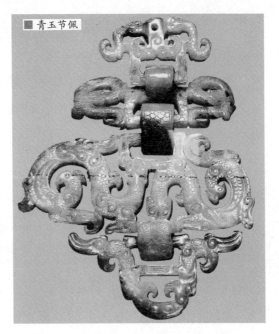
■青玉节佩

同时出土的玉器多节佩，长48.5厘米，最宽8.5厘米，全器可分解成5组，插榫接合后可成一器，接合后可展可合，共26节，均由活环套接。其中有4个活环套由金属材料的接榫插接而成，可以拆卸。有8个环套是镂空的，不能拆卸。通体饰有龙纹和勾连纹，精巧无比。

佩璜和纽座系璧都是礼器以外的饰品，更具有审美的赏玩性和装饰性。商代已经有人纹、鸟纹、鱼纹、兽纹的佩璜，这种形式一直流传到春秋战国时期。

春秋战国时期的佩璜纹饰日趋繁复，题材多龙凤蟠螭云纹，周身施饰。同时，玉珩、玉觿、玉璧及其他玉佩、玉饰的纹饰也日趋繁缛华丽，工技美巧。

春秋时随着青铜器物轻型化的趋向，系璧也成为单独的佩饰而多施纹饰。但作为璧的圆形是保留着的，一般在圆形周围附加装饰。

春秋战国时期，我国金属工艺加工方面已经掌握焊接榫卯、镶嵌、鎏金、镂空、失蜡浇铸、金银错嵌等技术，制作各种精美器物。

金属工艺加工技艺不仅在华夏地区发展，在北方匈奴族地区也很先进。内蒙古伊克昭盟杭锦旗阿鲁柴登曾经出土一件战国的鹰鸟顶金冠，被考古研究者认为是匈奴王冠，由冠顶和冠带两部分组合而成。

鹰鸟冠顶高7.1厘米，重192克，雄鹰展翅立于半球冠顶中央，其下为厚金片捶打的半球面体，饰有4只狼与盘角羊咬斗的纹饰。鹰的头部、颈部镶有两块绿松石，头与尾可以左右摇动。

冠带径16.5厘米，重1022.4克，由3条半圆形金条组合，从前面看，冠带上下是两条绳纹饰边，这两条金条饰边的中间有榫卯相互接合。从后面看，另有一条金条围过来与前面两条金条榫卯连接成圆环形帽圈，再在圆环左右分别装饰虎、盘角羊、马等动物浮雕，与冠顶组合成金冠，二者可以拆卸组装。

春秋战国时期的服饰更加丰富。由于当时织绣工艺的巨大进步，使得服饰材料日益精细，品种日渐繁多。比如河南襄邑的织有彩色花纹的锦缎，山东齐鲁的白细绢、绮、缟、文绣等，久盛不衰。工艺的传播，使多样、精美的衣着服饰脱颖而出。

总之，在春秋战国时期的佩饰，品类多样，材质高贵，制作考究，服饰工艺精美，寓意丰富，是我国佩饰和服饰发展历史上的重要阶段。

阅读链接

带钩是古代贵族和文人武士所系腰带的挂钩，古又称"犀比"。多用青铜铸造，也有用黄金、白银、铁、玉等制成。带钩起源于西周，战国至秦汉广为流行。带钩是身份象征，带钩所用材质、制作精细程度、造型纹饰以及大小都是判断带钩价值的标准。

古文献记载春秋时管仲追赶齐桓公，拔箭向齐桓公射去，正好射中齐桓公的带钩，齐桓公装死躲过了这场灾难，后成为齐国的国君。他知道管仲有才能，不记前仇，重用管仲，终于实现霸业。

不断丰富

中华民族追求美丽的脚步从未间断。如果说先秦时期的佩饰艺术重在外在之美，那么从秦汉建立"大一统"国家之后，人们不但追求外在美，也通过各种佩饰方式彰显内在之美，借以衬托高尚的心灵。

先秦佩饰艺术的开创性贡献，经过秦汉及其后历代的进一步发展，至隋唐时期，在服装颜色与纹样、佩饰种类及佩戴方式、发型与发饰及化妆技术等各个方面，都获得了快速发展并有诸多创新，使佩饰品种类繁杂，制作工艺日益发达，样式翻新，充分体现了人们对美的追求。

秦汉时的服色与佩饰

　　我国服装的色彩，与古代阴阳五行学说相结合。秦汉时期的服装色彩，就明显地受到阴阳五行学说的影响。

　　秦汉时期，方术家把五行学说与占星术的五方观念相结合，认为土象征中央；木是青色，象征东方；火是红色，象征南方；金是白色，象征西方；水是黑色，象征北方。

■ 董仲舒 西汉时一位与时俱进的思想家、儒学家，著名的唯心主义哲学家和今文经学大师。汉景帝时任博士，讲授《公羊春秋》。他把儒家的伦理思想概括为"三纲五常"，汉武帝采纳了董仲舒的建议，从此儒学开始成为官方哲学，并延续下来。其教育思想和"大一统""天人感应"理论，为后世封建统治者提供了统治的理论基础。他提出的"罢黜百家，独尊儒术"思想，对中国文化的影响尤其深远，以儒家思想为代表的文化思想，一直是我国的主流文化。

因此，秦灭六国，被认为是获水德，于是服色尚黑。汉承秦后，被认为是获土德，于是服色尚黄。

除了正色以外，又按阴阳之间相生相克的信仰，调配出间色，介于五色之间，多为平民服饰采用。

■ 青玉透雕龙形璜

儒学大师董仲舒是汉代著名的大思想家，他主张"罢黜百家，独尊儒术"，他论述的"天人合一""天人感应"，既是对我国远古自然崇拜的继承与提高，又对融入自然服饰观起到了理论上的指导作用。

与董仲舒"天人合一"和"天人感应"有关的，是服饰中有应季节而专设的"四时服"与"五时衣"，即孟春穿青色，孟夏穿赤色，季夏穿黄色，孟秋穿白色，孟冬穿黑色，形成礼俗。

我国古代哲学家认为天道自然，以天道为本，因而强调法天思想，认为人类社会中的一切都应该效法天，当时也包括服装颜色在内。对照五时衣服所选择的5种颜色来看，我国古人并未考虑到四季的温差，而是人们努力寻求与大自然精神的统一。

方术家 指我国古代用自然的变异现象和阴阳五行学说来推测、解释人和国家的吉凶祸福、气数命运的医卜星相、遁甲、堪舆和神仙之术的人。方，指方技；术，指数术。秦汉时，秦始皇和汉武帝的身边都有一些方术家。

世子 周代时，天子、诸侯的嫡子称"世子"。开始世子只是个称谓，儿子都是世子，后来演变成册封，也就是后来说的储君，就是继承父业的儿子，但大多还是册立长子，历史上册立少子为世子的也有。后世称继承王爷、诸侯爵位者的正式封号为世子，多由嫡、长充任。

秦汉时期服装的佩饰主要是佩玉和佩绶等。汉代非常重视佩玉，不仅用玉来表示佩带者的品德，还对佩玉有明确的规定。据《礼记·玉藻》记载：天子佩白玉而玄组绶，公侯佩山玄玉而朱组绶，大夫佩水苍玉而纯组绶，世子佩瑜玉而綦组绶，士佩瓀玟而缊组绶。不同身份的人佩玉的颜色不同。

目前考古发掘到的玉器非常多，汉代佩玉又占有相当的数量，以观赏性佩玉为多，制作极其精美。这从一个侧面反映出汉代人对佩玉的重视。

考古出土的汉代的玉璜有几种，它们的弧度不同，纹饰不同。半璧式玉璜，以长沙博物馆藏西汉曹娱墓出土玉璜为代表，璜长16.8厘米，宽8厘米，为半个鸟纹玉璧，这种玉璜当时可能作为礼器使用。

双兽首玉璜：两端为张口之兽首，兽首为尖耳，水滴形眼，嘴部为锯开的细缝。璜表面为凸起的带有螺旋的谷纹，这类玉璜以南京小龟山汉墓出土玉璜为代表。

■ 汉代青玉谷纹璜

龙纹玉璜：一端雕兽面，中部则雕龙身，龙身细而方折，上有双阴线刻的横节纹，璜的边缘带有凸齿。璜的中部有一孔，以备悬挂。

汉代的蝶形佩由古代佩蝶衍化而来，又称鸡心佩，它的中部为片状，近似于盾牌或鸡心的形状，中心一孔，外部镂雕装饰。

不断丰富

汉代蝶形佩的造型可分为3类：第一类为片状，薄而平，外部装饰简单，多为带有卷钩的勾连纹；第二类是鸡心形中部微隆起，边缘的装饰纹为圆雕或凸雕，连于鸡心之上，多为兽纹、鸟纹、云纹；第三类为蝶形佩的变形，或为桥形。这3类玉佩中，第一类多见于西汉，第二类多见于东汉及后来的南北朝时期。

从装饰纹样上看，蝶形佩所饰有勾连纹及螭、凤等纹样。勾连纹似带状，但边部及端部带有卷钩式装饰，龙纹似螭，身上带少许鳞，大嘴角，上下唇厚而长，眼为水滴形。

螭纹也极有特征，或有独角，耳部为叠状耳或尖耳带有小凹槽，眼滚圆或细长，嘴部主要有3种——榫式、T式、三段式。龙与螭能饰有细密的短阴线，并有阴刻小圈。

凤纹的特点是头小，喙长大而下钩，顶部饰有长翎，长颈，小身，腿似兽腿，长尾分叉，外卷，似螭尾。边缘的镂雕装饰布局也有几种，或集中于一端，或左右对称或偏重于一侧。

汉代玉带钩的种类很多，有长钩、短钩、琵琶肚、扁担腰、方头、圆头等多种形式，比较常见的有鸟头钩、兽头钩、螭纹钩和弦纹钩等。

时尚的佩饰

■ 汉代貔貅饰件

鸟头钩的钩腹较宽，琵琶形，中部凸起，其上纹饰浅而简略，似鸟羽，颈细长，钩头似鸟头，造型极简单。

兽头钩的钩头为兽头，腹部有几种，包括腹较短、底端较圆的琵琶肚，腹扁而长、端部略宽的长条形等。兽头的雕法也可分为两类，一类为尖耳，凸眼，眼珠似球，鼻与额相连且凸起，嘴部较方且呈三段式，鼻居中，两侧各有一凸起，以示唇；另一类则近似所谓"汉八刀"雕法，用简单的几道阴刻线雕出眼、嘴。

螭纹钩的腹部雕螭，螭形特点同前。弦纹钩腹扁宽，有几道凸起的弦纹，钩头扁而方，前端略窄，近似于兽面的外形，其上也有凸起的弦纹。

汉代用于佩带的玉人很多，主要为玉舞人及翁仲两种。舞人形象较为统一，细腰长袖，一只袖自头顶甩到身的另一侧，另一只手横于腰部，袖垂于身的另

汉八刀 指汉代雕刻的玉蝉，其刀法矫健、粗野，锋芒有力。体现出当时精湛的雕刻技术。汉八刀工艺品是我国玉器史上的代表之作，具有很高的工艺水平和艺术价值，在我国玉器史上占有重要的地位。汉以后难以觅到此风格的玉器。

一侧。汉代舞人的雕琢工艺精粗不一，粗糙的作品只雕外形，加几道阴刻线以示眼、眉或腰身。精制的则有起伏的衣褶，广东汉初南越王墓出土的圆雕立体玉舞人是最精的制品。

玉翁仲在汉代比较流行，是一种使用配饰，用于辟邪。常雕刻为一老者持立状，老者长须大袍，头戴平冠，有孔穿绳，便于佩戴。

玉剑饰在战国时就已出现，汉代佩戴玉具剑，玉剑饰使用更加系统、广泛。文献记载的玉剑饰有5种，考古发现的汉代玉剑饰仅4种。

剑首饰玉，用于剑柄的端部，或称"标首"，有圆形、方形两种，圆形的最常见，为圆片状，中部凸起圆形球面，上饰涡纹，圆凸的四周或饰谷纹，或凸雕螭纹。方形的上宽下窄，近似梯形，中部微隆起，其上有兽面纹或云纹。

剑格，用于剑柄与剑锋之间，人称"琅"。这类玉件较薄，侧面看为长条形，截面为菱形或椭圆形，每面中部凸起一棱，以此为中心，琢兽面纹。剑鞘下端饰玉，称为"珌"。剑珌纹饰或为"山"形纹，或为兽面纹。

剑鞘饰，饰于鞘外，近人称为"招文带"，长条形，片状，两端下弯，背面有一个方形的仓，仓的侧面有透孔。其上纹饰有3种：螭纹，凸雕大小双螭；谷纹，为凸起的谷粒；勾云纹，为正反相连的勾

■ 西汉玉剑格

云，一端饰一小兽面，兽两眼部特别大，头上有绳纹。

鞘口饰玉，名曰"摽"。目前尚未发现这类鞘口饰玉的传世或出土，传世品中所发现的也为明清时的作品，这种鞘口饰玉流行于哪个历史年代，目前尚难定论。

除了佩玉之外，汉代的佩绶也很有特点。佩绶为汉代服饰的一大特点，贵族阶层除佩挂刀剑，还有佩挂组绶的礼俗。组绶由朝廷统一发放，为汉代官员权力的象征。汉制规定：官员平时在外，须将官印封装在腰间的革囊里，并将绶带垂于外。

皇帝和各级官员所挂的佩绶，在尺寸、颜色及织法上有明显的区别。皇帝、太皇太后、皇太后、皇后佩黄赤绶，自公主封君以上皆带绶，各如其绶色，诸侯王佩赤绶，公、后、将军佩色为紫，以下有青色、黑色。

汉明帝恢复了古制，增加大佩制度。所谓大佩，是由各种玉质配件组成的饰物，一般都在祭祀朝会等重要场合佩戴，它将相同的两组分配于左右两腰旁，皇帝的大佩系玉用串珠，公卿诸侯的大佩系玉用丝绳，丝绳颜色和绶是相同的。

阅读链接

翁仲在历史上实有其人。翁仲本是人名，姓阮。相传秦始皇时来到中国，始皇看他身材高大，武艺高强，派他守卫临洮，威震匈奴。翁仲死后，用铜铸了他的像，放在咸阳宫司马门外。后人因其有神威之力，又用石雕成翁仲象，守护坟墓，所谓"稼间石人曰翁仲"。

翁仲既有神力守护宫门坟墓，自然也可以随身佩戴，驱除邪魔，于是，秦汉时期就有了饰佩的玉翁仲，并采用了汉代风格"汉八刀"的雕琢方法。

魏晋南北朝服饰纹样

　　魏晋南北朝时期，老庄思想的道法自然和佛道思想的随缘随意成为社会主流意识，表现在服饰上，宽衣博带成为上至王公贵族下至平民百姓的流行服饰。同时，各民族的相互融合，也给了各民族在服饰

南北朝时期杂裾垂袖女服

国子助教 晋以后，国子学中设博士、助教。唐朝制度，国子监分设六馆，每馆均设博士及助教。明、清两代的国子博士等于虚设，国子监六堂教导之责，均由助教担任。清制助教为从七品官，与博士品秩相等，而名位略低。

上互相影响互相渗透的机会。在这样的大背景下，这一时期的服饰纹样从内容到形式上都发生了空前的变化。

魏晋南北朝时期的服饰纹样，见于文献记载的有很多。比如，东晋国子助教陆翙在《邺中记》中记有大登高、小登高、大博山、小博山、大明光、小明光、大茱萸、小茱萸、大交龙、小交龙、蒲桃文锦、斑文锦、凤凰锦、朱雀锦、韬文锦、核桃文锦等多种服饰纹样；东晋文学家王嘉在志怪小说集《王子年拾遗记》中也记有云昆锦、列堞锦、杂珠锦、篆文锦、列明锦等纹样。

此外，还有北宋李昉、李穆、徐铉等学者奉敕编纂的著名类书《太平御览》中记有如意虎头连璧锦；西晋史学家陈寿在《三国志·魏志·东夷传》中记有绛地交龙锦、绀地句文锦；唐代史家李百药在《北齐书·祖珽传》中记有联珠孔雀罗等。

这些服饰纹样的锦名，有一部分纹样是承袭了东汉的传统，有一部分则是吸收了外来文化的结果，如联珠孔雀罗即是。孔雀罗是指织品的孔雀纹样，也指织品本身具有孔雀羽般亮丽的色彩。同为丝织品，罗比较轻软稀薄，与带彩色花纹的锦还是有些区别的，但大

■ 南北朝时期宽袖对襟女衫长裙

体可以通用。

南北朝时就出现了联珠孔雀罗。北齐祖珽是并州仓曹参军，家财丰饶，曾经一下子拿出数十匹孔雀罗，作为重礼，送给他人。并州是山西太原的古称，可见孔雀罗当时产于太行山之东。罗上的联珠纹则受外来文化的影响，源于波斯的萨珊王朝时期。

■ 南北朝时期贵族服饰

根据各地出土南北朝时期的纺织品实物和敦煌莫高窟壁画的纹样来看，大凡东汉式的传统纹样，南北朝时期画工的技巧反而不及东汉精美，反映了东汉时期装饰风格由盛及衰的演变过程，装饰文化同样随着时代的发展而日新月异。

外来的装饰题材大大补充了魏晋南北朝时期的装饰纹样。它们包括：具有传统风格的山云动物纹；具有几何图形特点的动物纹或花叶纹；具有古代阿拉伯国家装饰纹样特征的圣树纹；具有佛教色彩的天王化生纹；具有少数民族风格的圆圈与点等。这些纹样的共同特征是对称排列，动势不大，装饰性强。

一是传统的汉式山云动物纹。山云纹如山之起伏，云绕其间，后来也有称为"波曲纹"的。动物纹是动物皮毛上的纹路，是动物与生俱来的纹路，动物纹既是一种动物的标志，用于区别其他动物，又是动

类书 我国古代一种大型的资料性书籍，是采摭群书，辑录各门类或某一门类的资料，随类相从而加以编排，以便于检索、征引的一种工具书，例如《太平御览》《古今图书集成》。古代的类书与经、史、子、集密切相关，工具性、百科性特征十分明显，而不是什么"杂抄"。

忍冬纹 寓意纹样。忍冬为一种蔓生植物，俗呼"金银花""金银藤"，通称卷草，其花长瓣垂须，黄白相半，因名金银花。凌冬不凋，故有忍冬之称，又称卷草纹。忍冬纹是魏晋南北朝流行的一种植物纹，寓意人的灵魂不灭、轮回永生。

物的一种伪装，用于保存自己。动物纹为人类所应用，出现许多动物纹织物和动物纹器具。

山云动物纹样盛行于东汉，紧凑流动的变体山脉云气间，分列着奔放写实的动物，并于间际嵌饰吉祥文字。

在新疆民丰尼雅遗址出土的一批魏晋时期的衣物中，有一件"五星出东方利我国"铭文的山云动物纹锦护膊，仍然保持了汉代传统风格，十分珍贵。

二是利用圆形、方格、菱形及对称的波状线组成几何骨骼，在几何骨骼内填充动物纹或花叶纹。

此类纹样在汉代虽已有之，但未成为主要的装饰形式。汉代填充的动物纹造型气势生动，南北朝填充的动物纹则多呈对称排列，动势不大，多为装饰性姿势。汉代填充的花叶纹多为正面的放射对称型，南北朝填充的花叶纹则有忍冬纹等外来的装饰题材。

■ 南北朝时期大袖宽衫

三是圣树纹。它是将树形简化成接近一片叶子正视状的形状，具有古代阿拉伯国家装饰纹样的特征，7世纪初伊斯兰教创立以后，圣树成为真主神圣品格的象征。

圣树纹是一种富于象征或寓意性的植物纹，属于阿拉伯国家装饰纹样中植物纹的一种。它不以自然界的真实植物为表现对象，如对棕叶卷草纹的表现，就演变成一种富有流动感的抽象卷草。南北朝时期，伊斯兰教已经开始在我国传播，因此象征着真主神圣品格的圣树纹也反映在当时的装饰纹样中。

南北朝时期真丝织锦马甲

四是天王化生纹。纹样由莲花、半身佛像及"天王"字样组成，按照佛教说法，在欲界六天之最下天有四天王，凡人如能苦心修养，死后能化身成佛。魏晋南北朝时期佛教思想盛行，因此在服饰上也多有体现。

五是小几何图形纹、忍冬纹和小朵花纹。此类花纹是由圆圈与点组合的中小型几何图形纹样及忍冬纹，它对日常服用有极好的适应性，对后世服饰纹样影响很深。从形式上看，也是秦汉时期所未见过的。它的流行当和西域"胡服"的影响有关。

总之，魏晋南北朝时期的民族融合和中外交流，异质文化与汉族文化的相互碰撞与相互影响，在服饰的纹样方面有明显的反映，因而促使我国服饰文化进入一个新的发展时期。

阅读链接

沿着丝绸之路向东传播的忍冬纹，历来被认为是源于希腊并取材于中国人十分喜爱的忍冬花。

古代西亚和中亚盛行的"生命树"崇拜，形成了理想化的"圣树"，其中类似葡萄、有枝叶和结有丰硕果实的卷叶纹样就成了象征"生命树"的忍冬纹。它们随着中亚地区曾经十分兴旺的佛教和祆教经由丝绸之路流入中原，既是南北朝时期流行的"胡饰"，也是佛国天界和净土的象征。

隋唐时期的首饰佩饰

■唐代仕女头饰

隋唐时期国家强盛，文化发达，风气开放，当时人们是充满自信的，首饰佩饰方面如头饰、颈饰、臂饰、指环和带具等也千变万化。

隋唐妇女头饰花样翻新，不仅盛行高髻，以假发补充，而且像汉代巾帼那样做成脱戴很方便的假髻，称为"义髻"。

据说唐玄宗的宠妃杨贵妃常以假髻为首饰，而好服黄裙，时人因之语曰："义髻拖河里，黄裙逐水流。"

在新疆吐鲁番阿斯塔纳唐代

张雄夫妇墓出土一件木胎外涂黑漆的义髻，其底部小孔留有金属簪的锈迹，此墓出土女俑头上髻式与此相同，上绘精致花纹。该地唐墓出土一件纸胎涂漆描花的头饰，与高高的峨髻相近。

南京南唐陵俑也戴此种头饰，只是省去了繁缛的花纹，出土时称为纸冠，也可能为义髻之一种。此外回鹘髻也是假髻，其巾子则是衬垫头发所用。

隋代发钗呈双股形，有的一股长一股短，以利方便插戴，湖南长沙隋墓曾出土银质镶玉的发钗，钗首作花朵形，名为钗朵。中晚唐以后，安插发髻的发钗钗首花饰简单，另有专供装饰用的发钗，钗首花饰近于鬓花。

晚唐适应高髻的发钗实物发现，仅在江苏丹徒就出土了700多件长达30厘米至40厘米的发钗。在陕西西安、浙江长兴等地也有发现。

西安南郊惠家村唐大中年间墓出土的双凤纹鎏金银钗长37厘米，钗头有镂空的双凤及卷草纹。另有镂空穿枝菊花纹钗，都做工精细，形象丰美。

广州皇帝岗唐代木椁墓出土的金银首饰中有花鸟钗、花穗钗、缠枝钗、圆锥钗等，用模压、雕刻、剪凿等工艺制成，每式钗朵都是一式两件，花纹相同而

■ 鎏金银簪钗

钗朵 金银钗呈花朵形，称为钗朵。每一钗朵都是一式两件，结构相同而图形相反，以便左右对称插戴，这种金银钗以镂花见胜。运用模压雕刻剪凿等方法，能制作精美花纹，有花鸟钗、花穗钗、缠枝钗、圆锥钗等。

■《捣练图》局部

时尚的佩饰

李隆基（685年~762年），即唐玄宗。唐睿宗李旦第三子，母亲窦德妃。唐玄宗也称唐明皇。谥号"至道大圣大明孝皇帝"，庙号玄宗。在位期间，唐玄宗的一系列有效措施使唐朝的政治、经济、文化都得到新的发展，超过了他的先祖唐太宗，开创了我国历史上强盛繁荣、流芳百世的"开元盛世"。

方向相反，可知是左右分插的。

唐代贵妇插步摇簪。陕西西安韦泂墓壁画、陕西乾县李重润墓石刻都有插步摇簪的人物形象。据说唐玄宗李隆基命人从丽水取最上等的镇库紫磨金，琢成步摇亲自给杨贵妃插于鬓上。就是唐代著名诗人白居易在《长恨歌》中描述的"云鬓花颜金步摇"，可见步摇簪在妇女装饰中往往起到画龙点睛的作用。

安徽合肥西郊南唐墓出土一件金镶玉长28厘米的步摇，上端像双翅展开，镶着精琢玉片花饰，其下分垂珠玉串饰。另一件长18厘米，顶端有四蝶纷飞，下垂珠玉串饰的银步摇，制作都极精致。

梳篦和宝钗自魏晋时期就开始流行，此风至唐代更盛，而且常用金、银、玉、犀等贵重材料制作。插戴方法，在唐代绘画如张萱的《捣练图》、周昉的《挥扇仕女图》及敦煌莫高窟唐代供养人壁画中均能看到。

《捣练图》所画插梳方法，有单插于前额、单插于鬓后、分插左右顶侧等形式。《挥扇仕女图》中仕女插梳方法有单插于额顶、在额顶上下对插两梳及对插三梳等形式。敦煌莫高窟第103窟盛唐供养人乐廷瑰夫人花梳插于右前额，旁插凤步摇簪，头顶步摇凤冠。至晚唐和五代，头上插的梳篦越来越多，有多到十来把的。

隋唐时期由于细金加工技术的进步，金银首饰制作空前精致。隋大业年间，周皇太后的外孙女李静训9岁夭亡，葬于西安玉祥门外，随葬器物中有一条金项链，链条系用28颗镶嵌各色宝石和金珠穿成，项链上部有金搭扣，扣上镶有刻鹿纹的蓝色宝石，下部为项坠，项坠分为两层，上层由两个镶蓝宝石的四角形饰片紧靠圆形金镶蚌珠环绕红宝石的宝花作为坠座，下层就是坠座下面悬挂的滴露形蓝宝石。

唐代的颈饰从敦煌莫高窟绘画和彩塑佛像上所见，多系项圈与璎珞组合而成，更为豪华富丽。

在隋唐时期的臂饰中，手镯制作华贵精美。陕西西安何家皂唐代窖藏出土白玉镶金玉镯，玉分作3段，每段两头部都有金花绞链相连，可以开启，华贵无比。这件文物与北宋科学家沈括的《梦溪笔谈》所记 "两头施转关，可以屈伸，合之令圆，为九龙绕

■ 唐镶金白玉臂环

步辇 帝王所乘坐的代步工具，通常称为"辇"，本来和车一样是有轮子的。秦代以后，帝王、皇后所乘的辇车被去掉轮子，成为舆，即轿子，由马拉改由人抬，由是称作步辇，更多了一些典雅和休闲的气息。

之"的玉臂钗有异曲同工之妙。

隋唐时普通的手镯，镯面多为中间宽、两头狭窄，宽面压有花纹，两头收细如丝，向外缠绕数道，留出开口可在戴时根据手腕粗细进行调节，摘取方便。这类手镯有金制的，也有以金银丝嵌宝石的，材质和样式不一而足。

唐代还有在手镯内藏经咒护身的风俗，后世认为戴手镯能辟邪、长寿，正是古代宗教思想留下来的传统观念。

四川成都锦江江岸不远的地方有一座晚唐墓，从中发现一件银镯，镯环空心，断面呈半圆形，里面装有一张极薄的佛教经咒印本，印有坐于莲座上的六臂菩萨、梵文的咒文及印卖者的汉字姓名及住址。

■ 《簪花仕女图》局部

臂饰中臂钏又名跳脱、条脱，是由捶扁的金银条盘绕旋转而成的弹簧状套镯，少则3圈，多则5圈、8圈、十几圈不等。根据手臂至手腕的粗细，环圈由大到小相连，两端以金银丝缠绕固定，并可调节松紧。

隋唐时的臂钏，在陶俑和人物绘画中可见到形象，如湖北武昌周家大湾隋墓曾经出土陶俑，唐阎立本的《步辇图》中抬步辇的9名宫女及周昉的《簪花仕女图》中的贵妇，均戴有自臂至腕的金臂钏。

戴指环是原始社会流传下来的风

习，汉魏以来，又成为男女青年寄情定信的纪念品。

隋代丁六娘的《十索诗》云："二八好容颜，非意得相关。逢桑欲采折，夺枝倒懒攀。欲呈纤纤手，从郎索指环。"这个女孩儿可谓开朗大方，竟向情人主动索取信物，可见指环在当时就已经行使着见证爱情的使命。

《全唐诗·与李章武赠答诗》题解中讲了一个故事，说中山的李章武到华州旅游，与一美貌女郎相爱，同居月余，临别时女郎以玉指环相送，并写词曰："捻指环，相思见环重相忆，愿君永持玩，循环无终极。"可见自古以来，指环不仅是一种形式美的装饰，而且是爱情的象征。

隋唐时期，蹀躞带已是男子常服通用之物。因蹀躞带从西北少数民族流入中原，至隋唐而盛行，故在隋唐初期，革带上所系蹀躞较多，盛唐以后减少，少数民族和东西邻国所系蹀躞带较多，汉族所系较少，这是生活方式不同的缘故。

过着游牧生活的少数民族，居无定处，需要随身携带弓、剑、磨刀石、火镰、手巾、针筒、算囊之类的生活器具，带得越齐全，使用时越方便。汉族过着定居的生活，所以没有必要随身携带很多工具，

时尚的佩饰

■ 唐代镶金嵌玉宝
石带饰

觽 古代一种解结
的锥子，用骨、
玉等制成。也用
作佩饰，《诗
经·国风·卫
风·芄兰》中
说："芄兰之
支，童子佩觽。
虽则佩觽，能不
我知。"芄兰为
蔓生植物，枝条
柔弱且弯曲，类
似童子的身体。
这句话的大意是
说，不要以为用
上觽，自己就成
了大人了。

以免影响人们的各种活动。

北朝末期和隋唐初期，以蹀躞带上銙的质料和数目多少表示使用者身份高低，最高级的革带装为十三銙，为皇帝及高级大臣所用。

銙的形状有变化，唐太宗赐给功臣李靖的十三环玉带，銙形七方六圆。唐韦端符在《卫公故物记》讲他见到的十三环带，銙形方者7个，挫者2个，隅者6个。十三銙各附环，有笔1个，火镜2个，大觽、小觽各1个，笀囊2个，椰盂1个，还有5种东西已亡佚。

《唐会要》卷三十一载景云年间令内外官依674年敕，文武官带蹀躞七事，即算袋、刀子、砺石、契必真、哕厥、针筒、火石袋。唐末马缟的《中华古今注》卷上说唐朝后来规定天子用九环带。

在西安何家村出土的10副玉带中有一副白玉九环

带，九环外有3个三角尖拱形并在底部琢有扁穿孔可系蹀躞的銙。另外，像陕西西安郭家滩隋姬威墓的玉带只有七环，是不完全的带具。

西安唐韦泂墓石椁线刻人物有在革带上佩刀的，但是带上悬挂的蹀躞数目不多。

在西安唐永泰公主墓墓石椁线刻男装宫女的身上所束钿镂带上悬挂的蹀躞反而较多，男装宫女中有一个头梳双髻、身穿窄袖圆领衫、小口裤，平头花履，双手捧方盒的。画面中只看到她身体的正面和左侧面，已看见她腰带上悬有8根蹀躞带，如加上看不见的右侧面所悬数目，应达13根，除腰间有时挂香囊小银铃外，一般不在蹀躞上挂东西，只是一种时髦的装饰打扮。

敦煌壁画中的进香贵族，却具有佩蹀躞七事的形象，可见胡汉习俗的不同。盛唐以后，汉族革带蹀躞渐少，至晚唐几乎不在革带上系蹀躞，只把带銙保留

香囊 又名香袋、花囊，也叫荷包。它是用彩色丝线在彩绸上绣制出各种图案纹饰，缝制成形状各异、大小不等的小绣囊，内装多种具有浓烈芳香气味的中草药研制的细末。古代的香囊是用来提神的，也有用香料来做的，因其香深受很多人的喜欢，后逐步改为纯香料了。

发展潮流

不断丰富

■ 唐代玉带板

■ 唐代青铜腰带带板

下来作为装饰了。

带銙有玉、金、银、铜、铁等不同质地，以玉銙最贵，唐代玉銙有素面的，有雕琢人物动物纹样的。

西安何家村出土的白玉銙分为方圆二式，上雕狮子纹，銙下附环。辽宁辽阳曾出土浮雕抱瓶童子纹玉銙。銙下面开出可直接挂蹀躞带的扁孔，称为古眼。这是后期的形式，这种形式由盛唐流行到辽代前期。玉銙紧密排在革带上的称"排方"，排得稀疏不紧的，称为"稀方"。

隋唐时期的首饰发展是整体上的发展，而头饰、颈饰、臂饰、指环和带具的表现，都说明了这一特点。

阅读链接

南唐时期流行的"金镶玉"是指一种特殊的金、玉加工工艺，即在金器上镶嵌各种玉石，有时也指用这种加工工艺制作而成的金、玉器物。

其实，"金镶玉"这个词原指"荆山玉"，说的是春秋时期楚人卞和在位于今湖北南漳县境内的荆山发现了一块璞玉，后来楚文王命玉工剖开璞玉，发现里面是一块稀世之宝玉。后来，为了彰显卞和之名，楚文王遂将此玉命名为"和氏璧"。因和氏璧出自荆山，故后人又称之为"荆山玉"。

唐代妇女的发型式样

在我国历代妇女的发型中，唐代妇女的发型式样最为新奇，既有对前代的传承，又有在传承基础上的刻意创新之处。其发型样式之丰富和变化之迅速都是前所未有的。

■ 发型多样的唐代妇女

总体来说，初唐发型呈一种高耸、挺拔之势，且在形式上比较简洁，均无珠翠、发梳等首饰。

盛唐时期，唐玄宗开元、天宝年间，唐代的殷实达到了开国以来未有的高峰，对外关系也达到了顶点。此时妇女的丰硕雍容之态开始显现出来，发饰多浓妆高髻。

盛唐以后，妇女的发型开始发生变化，发髻上的髻叉日益增多。到后来逐渐成为花冠，一直流传到北宋还很盛行。

唐代妇女的发型主要分为髻和鬟。髻为实心，鬟为空心。还有一种发式叫鬓，鬓不是发型，但它是各种发型都需配备的鬓式，因为它可以使发型富于变化而别致。

唐代妇女的发髻有云朵髻、孔雀开屏髻、双环望仙髻、盘桓髻、螺髻、双环垂髻、双丫髻、圆锥抛髻、四环抛髻、抛家髻、垂练髻、圆锥髻，以及反绾髻、堕马髻、高髻等。

云朵髻即发收于顶，梳成云朵状，髻前饰珠翠。这种发式显得丰盈优雅，为唐代有身份有地位的贵族妇女所喜欢。

孔雀开屏髻是将发耸竖于头顶，梳成椎髻，然后用珠翠制成孔雀开屏状，饰于髻前。此发式多为唐代贵夫人所喜用。

双环望仙髻是将发分为两股，用黑毛线或黑带束缚成环，高耸于头顶，髻前饰一小孔雀开屏步摇，髻上珠翠如星。此发式有追求之感、瞻望之状，故称双环望仙髻。流行于盛唐。

盘桓髻先将头发收拢于顶，然后自上盘桓而成。髻前插对梳，髻上饰条形彩珠，显得干练持重，把长发绕在头顶，顶部为平形。这种发式西汉时就已在长安妇女中盛行，到唐代仍为宫女和士庶妇女所喜用。

螺髻，亦名翠髻，因其形而得名。梳理时，先将头发用黑丝带束缚起来，在头顶部编盘成螺壳形状即

贵夫人 在封建时代，通常是指年纪大和具有社会地位、非常尊贵或仪表堂堂的女人。唐代贵夫人在装饰方面喜欢孔雀开屏髻，也就是将发耸竖于头顶，梳成椎髻，用珠翠制成孔雀开屏状，饰于髻前。还喜欢一种流行的发式"抛家髻"。

043

发展潮流

不断丰富

■ 唐代民间女子发式

长安 是西安的古称，从西周到唐代先后有13个王朝及政权建都于长安。盛唐时的长安为当时规模最大、最为繁华的国际都市。长安是我国历史上历时最长，建都时间最早，朝代最多的古都，是我国历史上影响力最大的都城。为我国四大古都之首，世界四大古都之一。

■ 唐代仕女发式

成，并在髻后垂彩色丝带。此发式在初唐时盛行于宫中，古人曾有"螺髻凝香晓黛浓"的诗句，后来也在士庶女子中流行，直到宋、明各代，仍有妇女喜欢。

双环垂髻是将发分为两部分，在头的两侧各盘成上卷下垂环。一般未婚女子或宫女、侍婢、童仆多梳此发髻，据传这种发式在战国时已有，唐代还把它视为未婚女子的标志。在盛唐时最为流行。

双丫髻，亦称双髻丫。先将发收拢于顶，然后分两股向上各扎成一个小髻，髻上饰珠翠花钿等物。一般为侍婢、贫家未婚女子常梳的发式。该发式据传在商代就有了，以后各代有所变化，到唐代从式样上更为讲究，有的还在发髻上饰有珠翠等饰物。

圆锥抛髻是将发收拢于顶，向上盘两卷成圆锥，然后向一侧绕一环呈抛状，把椎髻和抛髻结合的发式。头发的一侧插步摇，一侧戴花。为晚唐时长安妇女所常用。

四环抛髻的方法是两髻不抱面，先将之盘于顶，再分4股，3股直向上盘成3个环，另一股环状较大且向旁呈抛状，髻前斜插步摇，抛环上饰珠翠。流行于中晚唐贵族妇女中。

抛家髻的方法是两髻靠面，头顶再加一椎髻或3个或一个高耸起来的"朵子"，向一端倾斜，呈抛状。多为盛唐和中晚唐贵族妇女所饰。

■ 唐代公主发式

垂练髻的梳理方法是将发分成两边每边下垂后向上折起，然后用红绢缚之，并饰以少许珠翠。流行于中唐。圆锥髻的梳理方法是先用黑带将发束缚，然后盘卷耸竖于顶，并饰一圈珠翠。中唐时盛行于长安妇女中。

反绾髻是梳发于后，编成发辫，由下反绾于头顶的双髻；堕马髻则是将发髻向一侧斜坠落，为已婚中年妇女所喜爱的发饰；倭堕髻是发髻低垂、侧在一边，被认为是堕马髻之延续；高髻则是将头发高耸，矗立于头顶上。

唐代妇女的发鬟，与盘绕实心的髻相区别，鬟是一种盘绕空心的环状形式。鬟为大多数青年妇女所偏爱，尤喜双鬟式。

鬟的形式有高低不等，大小不一，**既有梳在头顶上，也有垂于脑后的多种样式**。比如，云鬟，是一种高耸的环形发型；双鬟，是年轻女子的两个环形发型；垂鬟，多是未出室少女的发型，将发分股，结鬟于顶，不用托柱，使其自然垂下。

唐代妇女的鬓式，有蝉鬓、博鬓。蝉鬓是两鬓的装饰，**将两鬓梳得薄而透明，形如蝉翼，故名**。古诗中形容妇女经常有"云鬟雾鬓"之句，薄而透明的蝉鬓与厚而高实的发型结合与对比，使妇女的发型富于变化而别致。

唐末京师妇女梳发，以两鬓抱面，状如椎髻，名曰"抛家髻"，亦称"鬅鬓""凤头"。这种两鬓抱面的髻式，是唐代后期较为流行的发式。

博鬓即以鬓掩耳，或往后拢掩半耳，是一种礼仪的鬓式。宫中的后妃要博鬓，贵夫人也须博鬓。

总之，我国古代妇女的发型在唐代出现了极为丰富而精美的样式，发式的创新给人以极高的艺术享受，尤其是唐代妇女对发型的偏爱和重视，可以说达到了登峰造极的程度。

阅读链接

《簪花仕女图》由唐代周昉所绘，是目前全世界范围内唯一认定的唐代仕女画传世孤本。它的艺术价值也很高，是典型的唐代仕女画标本型作品，是代表了唐代现实主义风格的绘画作品。

此画描绘的是唐代贵族妇女的日常生活，画中5位仕女的发型都梳作高耸云髻，蓬松博鬓。前额发髻上簪步摇首饰花11至6束不等，鬟髻之间各簪牡丹、芍药、荷花、绣球等花，花时不同的折枝花一朵。眉间都贴金花子。着袒领服，下配石榴红色或晕缬团花曳地长裙。

　　我国在晚唐之后，社会动荡，佩饰艺术成就不显。而在仅存70多年的五代十国之后，宋代佩饰艺术备受人们关注，人们的审美情趣集中在服饰纹样和女子发饰上。两宋时期，不仅锦绣制作的服饰纹样富丽堂皇，而且女子的发型发饰也追求时髦，整体造型给人以清雅、自然的感觉。

　　辽金西夏服饰纹样、元代服饰纹样，以及元代的男子发型和妇女头饰，出现了较大变化。其中蒙古族在保留本民族装饰特点的同时，在一定程度上受中原文化的影响，体现了中华服饰文化的多民族的合流。

千变万化

兼融天下

两宋时期的服饰纹样

北宋初年，皇家仪仗队都穿绣锦做的服装。为此，成都转运司设立了成都锦院，专门生产上贡的"八答晕锦""官诰锦""臣僚袄子锦"以及"广西锦"。

北宋皇室规定，对文武百官按其职位高低，每年分送"臣僚袄子锦"，其花纹各有定制，分为翠毛、宜男、云雁、瑞草、狮子、练鹊、宝照等。

■ 宋代刺绣官服

南宋时，成都锦院还生产各种细锦和各种锦被，花色更加繁复美丽。这些丝织锦在后来通过商贸等方式逐渐流传到全国，成为知名的传统品种，被称为"蜀锦"。

蜀锦的花纹有组合型几何

纹的八搭晕、六搭晕、盘毯等。这种组合型纹样多出现在南宋时颇具时代特色的织锦上，这种织锦被称为"宋锦"。

宋锦的图案风格、组织结构和织造工艺等已和蜀锦有所区别。它以纬面斜纹显示主体花纹，经面斜纹为地纹或少量陪衬花，其锦面匀整、质地柔软、纹样古朴，大都供装裱之用。

宋锦产于南宋时期的苏州。

苏州宋锦、蜀锦和后来明代南京的云锦，并称为我国三大名锦。

宋代服饰纹样的题材比以前更为丰富广泛，宋锦上的图案以龟背纹、席地纹、祥云纹、万字纹、古钱纹等为底，中间穿插龙、凤、朱雀等兽鸟纹样，以及八宝、八仙、八吉祥，还有琴、棋、书、画等图案。

八宝指古钱、书、画、琴、棋等，八仙是扇子、宝剑、葫芦、柏枝、笛子、绿枝、荷花等，八吉祥则指宝壶、花伞、法轮、百洁、莲花、双鱼、海螺等。在色彩应用方面，多用调和色，一般很少用对比色。

宋锦是宋代官服的主要面料，宋锦上的几何填花有葵花、簇四金雕、大窠马打毯、雪花毯路、双窠云雁等；器物题材的有天下乐；人物题材的有宜男百花等；穿枝花鸟题材的有真红穿花凤、真红大百花孔雀、青绿瑞草云鹤等；动物题材的有狮子、云雁、天马、金鱼、鸂鶒、翔鸾等；花卉题材的有如意牡丹、芙蓉、重莲、真红樱桃、真红水林檎等。

宋代院画和文人画的兴起对工艺美术以及当时服饰纹样的影响很深，工笔花鸟讲究精描细刻，栩栩如生，写生就成了必不可少的手

时尚的佩饰

院画 即院体画，或称院体，国画的一种。一般指宋代翰林图画院及其宫廷画家比较工致刻板的绘画风格，或泛指非宫廷画家而效法南宋画院风格之作。这类作品为迎合帝王宫廷需要，多以花鸟、山水、宫廷生活及宗教内容为题材，作画讲究法度，重视形神兼备，风格华丽细腻。

段。而服饰纹样的设计是以清瘦、写实、雅致为造型特征，一反唐朝服饰纹样花形饱满、线条圆润流畅的造型特点。

宋代服饰纹样多以花鸟题材为主要内容，其中折枝花式纹样和串枝花式纹样，以其写实生动、自然和谐、灵动飘逸的整体效果为特色，是宋代审美意识的典型纹样设计。

折枝花式纹样即通过写生手法，截取带有花头、枝叶的单枝，再以写实的外形和生长着的姿态作为纹样，形成动与静的审美效果，在织物上的排列是将折枝花纹散点分布，并且十分注意花纹间的承转启合以及相互呼应的布局。

这种构图形式除了具有婉转多姿、生动优美、形象自然的艺术风格之外，还具有简练、秀丽的特点，给人一种古朴秀雅的感觉。

■ 宋代节日服饰

宋代串枝花式纹样有花鸟题材与花卉题材，是在唐代卷草纹样和写生折枝花纹的基础上发展而成的。凤穿百花和百花攒龙等纹样，其组织形式是在平面织物上将众多写实型的花卉纹样呈散点分布，并通过枝、叶、藤蔓等进行蛇形的反转伸展，使单个花纹紧密地连接在一起，构成了四方连续的图像。

串枝花式纹样流畅飘逸的韵律线与写实的花纹，形成了点与线、动与静的对比，使图形纹样既生动自然，又富有意匠之美。

织物纹样在色彩上以质朴、清秀为雅，通常采用低纯度色，色彩一反唐代浓艳鲜丽之色，而形成淡雅恬静之风，打破了唐代以青、碧、红、蓝等浓艳色彩为主的格调，多用浅淡的间色，如鹅黄、粉红、银灰、浅绿、葱白等较柔和的色彩，颇有韵意，显得质朴、洁净、自然、规整，形成了宋代鲜明的审美倾向。

■ 宋代宫廷服饰

宋代服饰纹样在画院写生花鸟画的影响下，纹样造型趋向写实，构图严密，几乎形成了一种程式。对后世也有很大的影响，明清时期的服饰纹样，无论从题材到造型手法，都受宋代花鸟纹样的影响。

阅读链接

北宋初年，曾做台州知州的唐仲友，在家乡开设彩帛铺，既贩卖，又加工，是一个大型的作坊店铺。北宋政府曾经禁止印花工艺在民间使用，但唐仲友开彩帛铺，仍然雕制印花版印染斑缬。此外，宋代洛阳贤相坊染工李装花，是当时著名的印花刻版艺人，能打装花缬，即印花雕版。

唐仲友的彩帛铺和李装花的贤相坊染，是商人兼营作坊或工场的方式，也是当时商业经济发展的实例。它丰富了宋代服饰纹样的题材和内容，在历史上具有一定意义。

宋代女子发型与妆容

宋代妇女发型的主要特点是喜欢高髻，她们为了使自己的发髻变得高一点儿，就在里面掺上假发。据说宋代妇女的高髻还有高达两尺的危髻，这些都是追赶时髦的结果。

■宋代仕女头饰

宋代妇女的发式主要是髻，可分为高髻、低髻。高髻多为贵妇所梳，一般平民妇女则多梳低髻。常梳的发髻主要有高冠长梳、三髻丫、朝天髻、同心髻、女真妆、懒梳髻、包髻、垂肩髻、丫髻、螺髻等。

高冠长梳简称冠梳，是高髻的一种。宋代城市经济发达，都市妇女非常喜爱高冠长梳这种发髻式样。都市经济的繁荣使得奢靡之风盛行，反映在妇女的发型上则表现为大都会的妇女特别喜爱高冠大髻大梳上。

■ 插梳的宋代妇女

冠梳是北宋妇女发型上最有特点的一种装饰。它的种类繁多，其中有一种白角冠配合白角梳使用的冠梳流行于宫中，这种冠很大，有至3尺，有至等肩者。冠是用漆纱、金银和珠玉等制成的，一般很大，有的冠长达3尺，有的和两肩一样宽，冠上插的梳子也很长，而且不止一把。

三髻丫是指梳三髻于头顶。南宋诗人范成大有诗云"白头老媪簪红花，黑头女娘三髻丫"。宋代的少女也梳三髻的髻式，这种发式俏丽、活泼，易于为少女所喜爱。

朝天髻是富有时代性的一种高髻。其梳法是先梳发至顶，再编结成两个对称的圆柱形发髻，并伸向前

白角 即经过磨制后的白色牛角、羊角，用它制成的梳子叫白角梳。白角冠，即一种插有白角梳的冠，它极受宋代京都贵妇们的推崇。宋朝女子戴冠成为风尚，白角冠便是其中的一种。北宋宫中曾盛行白角冠，人争效之，号内样冠，名曰垂肩、等肩，至有长3尺者。

额。另还需在髻下垫以簪钗等物，方使发髻前部高高翘起，然后在髻上镶饰各式花饰、珠宝，整个发式造型浑然一体，别具一格。朝天髻需用假发掺杂在真发内，所以在当时还出现了专卖假发的店铺。

同心髻与朝天髻有类似之处，但较简单，梳妆时将头发向上梳至头顶部位，挽成一个圆形的发式，再用朝天髻固定。发髻根系扎丝带，丝带垂下如流苏，因此也叫流苏髻或堕马髻。

北宋后期，妇女们除了仿契丹衣装外，又流行束发垂胸的女真族发式，这种打扮称为女真妆。最初时流行于宫中，而后遍及全国。

包髻的做法是在发式造型定型以后，再将绢、帛一类的布巾加以包裹。此种发式的特征在于绢帛布巾的包裹技巧上，将其包成各式花形，或做成一朵浮云等物状，装饰于发髻造型之上，并饰以鲜花、珠宝等，最终形成一种简洁朴实又不失精美大方的新颖发式。

懒梳髻通常是教坊中女伎于宴乐时所梳的一种发式。垂肩髻，顾名思义就是指发髻垂肩，属于低髻的一种。至于丫髻、螺髻，则都是尚未出嫁的少女所梳的发式。

宋代妇女的头饰非常丰富，特别是到了南宋后期，由于禁令松弛，妇女的头饰，尤其是贵族妇女的头饰就更加绚丽多彩了。为了能使自己更加美丽，她们还在发髻的上下左右插上簪钗，常见的簪钗有鸟形、花形、凤形、蝶形等。

宋代妇女崇尚插梳，而且十分普遍，可以说到了如痴如醉的程度。有的时候，由于左右插的梳子过多，在上轿或进门的时候只能侧着头进。这种情况还引起了朝廷的注意，对冠和梳的长度作了规定。宋仁宗曾下诏禁止以白角为冠，冠广不得过1尺，梳长不得过4寸，借以抑制奢侈之风。这种简朴的装饰后来普及民间，并成为妇女的一种礼冠。

宋代妇女还有戴花冠的习俗，她们头上除了戴冠、插簪以外，还插上各种各样的花，有的是鲜花，有的是假花。当时有一种叫"一年景"的花冠，就是把四个季节的花齐备地插在冠上，很受妇女们的喜欢。

宋代妇女戴的有白角冠、珠冠、团冠、花冠、垂肩等。在发型上插的有金、玉、珠、翠、花枝、簪子、钗、篦、梳等。

宋代的贵族女子冠饰，在沿袭前世高冠、花冠的基础

教坊 唐高祖李渊置内教坊于宫中，掌教习音乐，属太常寺。唐玄宗时又置内教坊于蓬莱宫侧，京都置左右教坊，掌俳优杂技，教习俗乐，以宦官为教坊使，后遂不再属太常寺。此后凡祭祀朝会用太常雅乐，岁时宴享则用教坊俗乐。宋、金、元各代亦置教坊，明置教坊司，司礼部，清废。

■ 宋代贵族头饰

浮雕 是雕塑与绘画结合的产物，用压缩的办法来处理对象，靠透视等因素来表现三维空间，并只供一面或两面观看。浮雕一般是附属在另一平面上的，因此在建筑上使用得更多，用具器物上也经常可以看到。因为其压缩的特性，所占的空间较小，所以适用于多种环境的装饰。

之上，冠的形状愈加高大，装饰也愈加丰富。冠后常有四角下垂至肩，冠的上面装饰有金银珠翠、彩色花饰、玳瑁梳子等。戴这种高大的冠饰坐轿子时，必须侧着头才能进轿门。

宋代女子妆容极为素洁，妆容淡雅、朴素，所以对宋代的妆容介绍就比唐代少多了，没有了唐代的繁缛奢华、丰富多彩，有的只是自然美。

宋代妇女讲究眉式，戴耳环，不论皇后还是宫女，常把眉画成宽阔的月形，然后在月眉的一端或上或下用笔晕染，由深及浅，向外散开，别有风韵。宋代妇女的耳环，有的用金丝打制成"S"形，一端呈尖状，一端为薄片，在薄片上浮雕花卉。

宋代妇女戴香囊。青年男女离别时，女方常以香囊相赠，留作纪念。有的用素罗制成，绣有鸳鸯莲花，背面平纹素纱，沿口用双股褐色线编成花穗作为装饰。

宋代妇女外出或成婚，头上都要戴盖头。从反映宋代社会风俗的古籍《东京梦华录》和《事物纪原》上得知，盖头主要有两种：一种是在唐代风帽的基础上改制而成的，用一块帛缝成个风兜，套在头上，露出面孔，多余部分披在背后。有的将布帛裁成条状，由前搭后，只蒙盖脸

■ 宋代妇女装束

部以及脑后，耳鬓部分显露在外。另一种是一块大幅帛巾，多为红色，在结婚入洞房时女方用它来遮面。

据反映南宋人文掌故的《梦粱录》记载，成亲前3天，男方要向女方赠送一块催妆盖头。是美人还是丑女，揭开盖头才见分晓。盖头的习俗延续了上千年。

宋代的花钿样式比较少，但是很精致。宋代妇女对花钿有着特别的喜好，除了用黑光纸剪成各种形状贴在脸上之外，甚至将鱼腮贴在脸上，还给予一个好听的名字——"鱼媚子"。一些追求时髦的妇女更是将额前、眉间贴上小珍珠作为装饰。眉间贴上小珍珠作为饰物，这是由传统梅花妆发展而来的。

宋代妇女也有点唇的习俗，即以唇脂一类的化妆品涂抹在嘴唇上。唇脂的主要原料是"丹"，是一种红色矿物，也叫朱砂，用它调和动物脂膏制成的唇脂，具有鲜明的色彩光泽。宋代唇红的范围比唐代要少很多，显得更加自然。

宋代女子流行画眉黛。远山黛在宋代十分盛行，妆容以清新高雅为主，强调自然肤色及提升气质为主题。不过突出的还是"倒晕眉"，其呈宽阔的月形，而眉毛端则用笔晕染由深及浅，逐渐向外部散开，别有一番风韵。

宋代女子腰间佩饰有很多，玉环是常见的一种。在山西太原晋祠圣母殿的宋代彩塑女子就有玉环。宋代服饰尚古，而古代儒家礼仪规定，女子行不得露足，玉环在宋代除了装饰作用之外，还被用作女子

■宋代凤鸟形金耳环

的压裙之物。一般戴两个，左右各一，压住裙角，防止行走时裙裾散开，有伤风雅。因为这种饰物会限制女子行动，所以又被称作禁步。

玉环这种饰物可以说是为儒家礼仪服务的，从此处也可以看出宋朝人极为重视女子的端庄之美。不能露足，行走时步幅就必须放小，步频放慢，这样走起路来更显端庄。再加上白角冠，会让女子更显庄重、大方。

宋代女子的发饰不像唐代那般华丽盛大，面部之妆也不像唐代那么浓艳靓丽。总而言之，宋代妇女的整体造型给人一种清雅、自然的感觉。

阅读链接

插梳的习俗很早就有，宋代开始盛行。贵妇们在金银珠翠制成的冠上插上数把白角长梳，左右对称。这种冠饰造价极其昂贵，宋仁宗因为厌恶白角冠的奢侈而下诏禁止以白角为梳为冠，宋仁宗去世后，插梳不但恢复如故，而且更胜以前。

宋代贵妇们如此推崇白角冠，主要是精选的白角经过磨制后制成的梳子呈透明白色，近似琉璃又不似琉璃那样透明闪亮，反倒能把人的眼睛衬托得更加明亮，而且与金银珠翠制成的冠相呼应，便显得端庄而富贵。

元代服饰纹样与佩饰

元代纺织、印染、刺绣等工艺的进步，决定了元代服饰纹样的题材和表现方式。随着社会生产力的发展，元代染织刺绣工艺继宋、金之后又进入了新的发展时期。

元代内廷设官办织绣作坊80余所，产品专供皇室使用。绫绮局、织佛像提举司等官办织绣作坊所绣织的御容像、佛像等，应该是元代织锦业重大发展的代表，而"纳石失"则是其丝织业的新成就。

元代官员服饰

"纳石失"最初是由阿拉伯工匠以金丝色线织成，地色与金丝交相辉映，富丽堂皇，故亦名织金锦，对后世织金锦缎的发展有一定影响。

具有悠久历史的蜀锦在元代仍盛行不衰，著名的为蜀中十样锦。绫、罗、绸、缎、绢、纱等各地均有织造，其中缎织物业已成熟，益臻精美，集庆纱、泉缎、魏塘机绢等都是元代丝织名品。

元代染织刺绣工艺的发展，使得服饰纹样的效果更为精巧细致。从题材内容和装饰风格上看，元代的服饰纹样大都在承袭两宋装饰艺术传统的基础上发展，只有少数织金锦纹样糅入一些西域图案的影响。

元代王室服饰大多用织金，如织金胸背麒麟、织金白泽、织金狮子、织金虎、织金豹、织金海马。另有青、红、绿诸色织金骨朵云缎、八宝骨朵云、八宝青朵云细花五色缎等。

元代的服装曾先后在内蒙古集宁路故城、山东邹县李裕庵墓、苏州张士诚母曹氏墓等处出土。

内蒙古集宁路元代故城出土的绣花夹半臂，衣长62厘米，两袖通长43厘米，袖宽34厘米，领口深3.5厘米，腰宽53厘米，下摆宽54厘米。用棕色四经绞罗作为面料，衣领及前襟下部用挖花纱缝拼，米黄色绢作为里子，两肩所绣花纹极精细。

绣有坐于池旁柳下看鸳鸯戏水的女子、坐于枫林中的男子、扬鞭骑驴的女子以及莲荷、灵芝、菊、芦草、鹤、凤、兔、

元代女子服饰

鹿、鲤、龟、鹭鸶等鸟兽花草。其余的衣身绣散点折枝花。绣法近于苏绣针法。

山东邹县元李裕庵墓出土的有男绸袍、女斜裙等。

有一件香黄色梅雀方补菱纹暗花绸夹半臂，补内织写实的梅树、石榴树、雀鸟、萱草等，雀鸟栖于树枝上对鸣呼应，极为生动。

女裙为驼色荷花鸳鸯暗花绫制作，由莲花、鸳鸯、红蓼、慈姑、双鱼、四瓣花、水藻等排成满地散点，下衬曲水纹。

香黄色如意连云暗花绸女夹袍，为交领、右衽、窄袖、腋下打裥，后中缝及左边开气，图案为穿枝灵芝间以古钱、银锭、珠、金锭、火珠、犀角、珊瑚等杂宝，花纹单位为宽9厘米、长6厘米。

苏州张士诚母曹氏墓出土的绸裙和缎裙，图案为团龙戏珠、祥云八宝、双凤牡丹及穿枝宝仙等，基本上继承了宋代写实的装饰风格和柔丽之风。

除此之外，在新疆乌鲁木齐市南郊盐湖1号古墓出土的黄色油绢窄袖辫线袄，肩领袖及襟边所镶"纳石失"，纹样造型粗犷，反映了蒙古游牧民族的审美爱好。这件袄与北京故宫博物院所藏元代红地龟背团龙凤纹"纳石失"佛衣披肩的图案风格一致。

元代服装佩饰物中的玉佩，继承了前朝的有带

■ 元代贵族服饰

苏绣 汉族优秀的民族传统工艺之一。苏绣的发源地在苏州吴县一带，后已遍布很多地区。清代是苏绣的全盛时期，可谓流派繁衍，名手竞秀。苏绣具有图案秀丽、构思巧妙、绣工细致、针法活泼、色彩清雅的独特风格，地方特色浓郁。绣技具有"平、齐、和、光、顺、匀"的特点。

钩、环、鱼坠等器物，并新兴有带扣、帽钮等。

江苏省无锡市钱裕墓出土的玉带钩是元代早期之物，钩首以阴刻莲花为饰，腹面镂空莲花水藻纹，它是元代绦环的组件。西安市小寨瓦胡洞出土的白玉苍龙教子带钩腹上饰有起凸小螭龙。

这两件腹上均有起凸装饰的带钩，是元代玉钩的新形式，但此件出土玉带钩并无绦环，疑其不够完整。

从元世祖时的掌道教之官冯道真所用的铜带钩、玉环、丝带可知，与带钩相配套的是玉环。冯道真所用玉环为椭圆形。

甘肃漳县汪世显家族墓出土丝带和玉带钩，也是腰束带。此带有钩无环，钩为兽首，腹亦有起凸纹饰，可知钩环组合比较灵活，可因人制宜，不必强求一致。如带钩可配环，亦可不配环，而钩环搭配的北京故宫博物院收藏的白玉龙首带钩环即属前者。

龙首钩的琵琶腹上亦饰镂空茶花纹，与钱裕玉带钩相似；带环饰隐起云纹，首饰起凸升龙，碾工精美，应为元初内廷玉作所制，也是一套不可多得的钩、环齐备的玉带钩环。青白玉螭纹连环带环碾琢精湛，是元代带饰之佳作。

安徽省安庆市范文虎墓出土的玉垂云饰、其妻陈氏腹上的玉茄形佩，均为阳文边线，内减平素，属于素面玉饰，使人们便于欣赏玉质的柔美。

元代玉帽顶

■ 青白玉龙首螭纹玉带钩

元朝人喜爱首饰，出土或传世的金银首饰较多，但玉首饰很少。钱裕墓曾有发现，钱裕是五代十国著名的历史人物、吴越王钱镠的后人。其陪葬品有春水玉与玉带钩。

春水玉被列为国家一级文物，为椭圆形，器身遍布黄土沁及灰斑，正面呈弧形隆起，采用镂空透雕制作，雕刻的是当时常见的鹘攫天鹅题材。整件作品以水、荷花、芦苇等为背景，一只天鹅张口嘶鸣，惊恐地展翅潜入荷丛之中隐藏，荷叶上方有一只细身长尾的鹘，正回首寻觅，伺机攫捕天鹅，形象生动，动态十足。

玉带钩的钩首装饰荷花莲蓬，钩身以浅浮雕技法刻画荷花，荷叶和水草的颈部曲度较大，呈钩状，以便穿带。

阅读链接

元代立国后，着手建立织造局，有的织造局专门生产"纳石失"，即织金锦，以满足宫廷和诸王、百官的需要。元代还曾将新疆的300多户织金绮工人迁移到弘州，即现在的河北省阳原县一带，建立织局，织造纳石失。另外，还有专门掌管织造皇帝御用领的弘州"纳石失"局等管理机构，可见元代"纳石失"的生产规模之大。

"纳石失"技术反映了元代较高的加金丝织物织造水平，并为明清两代的织金锦、织金缎、织金绸、织金纱、织金罗等多种加金织物奠定了技术基础。

元代男女的丰富头饰

元代虽与金代同好辫发，但辫发样式则大相径庭，上至帝王下至百姓，男子都梳理成一种名为"婆焦"的发式，如同汉族儿童梳理的三搭头的样式。

元代贵族蜡像

■ 元代平民蜡像

　　婆焦的梳理方法是将头顶正中及后脑的头发全部剃去，只在前额正中及两侧留下三搭头发，正中的一搭头发被剪短散垂，两旁的两搭绾成两髻，悬垂至肩，以阻挡向两旁斜视的视线，使人不能自由地转头向左右"狼顾"，称为"不狼儿"。

　　髡发也是元代男子普遍梳的发式，其发式梳理方法是先将头顶部分毛发全部剃光，在两鬓或前额部位留下少量头发。还有在前额保留一排短发，耳边的鬓发则自然披散。更有将两边头发梳理成各种随意的发式，做自然下垂状。

　　在我国历代文献中，关于妇女头饰的记载都多于男子，其原因与妇女的自然属性、头饰的独特风格和华贵装束有关。元代妇女的头饰蒙古语称"包阁塔格"，汉语名称称为"顾姑""故姑""古固"等。

曲回寺 又称哭回寺，位于山西大同灵丘西南曲回寺村。由唐代大禅师慧感创建，是五台山佛寺的下院，与五台山禅宗佛寺有密切的联系，其规模宏大，实为罕见。曲回寺曾经出土大批金饰银器，为了解当时的服饰文化提供了实物资料。

蒙古语称呼与蒙古汗国时期已婚妇女发髻名称有关。据《蒙古秘史》记载，已婚妇女有两种发型，一种是左右梳两辫垂于胸前的发式，称"希布勒格尔"，另一种则是缠在头顶上的发髻，称"包阁塔拉乎"。

在13世纪20年代至40年代，到过蒙古地区的东西方使者和旅行家，如南宋的赵珙、彭大雅、李志常，西方的维廉·鲁布鲁克等，对此均有过描述。

其中维廉·鲁布鲁克在《蒙古游记》中对元代妇女的头饰的描述最详细：妇女们也有一种头饰，他们称之为孛哈，这是用树皮或她们能找到的任何其他相当轻的材料制成的。这种头饰很大，是圆的，有两只手能围过来那样粗，有46厘米至56厘米高，其顶端呈四方形，像建筑物的一根圆柱的柱头那样。这种孛哈外面裹以贵重的丝织物，它里面是空的。在头饰顶端的正中或旁边插着一束羽毛或细长的棒，这束羽毛或细棒的顶端，饰以孔雀的羽毛，在它周围，则全部饰以野鸭尾部的小羽毛，并饰以宝石。贵妇们在头上戴这种头饰，并把它向下牢牢地系在一顶兜帽上，这种帽子的顶端有一个洞，是专作此用的。

时尚的佩饰

元代双龙纹金项饰

她们的头发从后面挽到头顶上，束成一个发髻，把兜帽戴在头上，把发髻塞在兜帽里面，再把头饰戴在头上，然后把兜帽牢牢地系在下巴上。

据有关文献资料和传世绘画证实，维廉·鲁布鲁克描述的这种头饰有大、中、小3种，由于妇女所处地位的不同，所戴之"包阁塔格"有大、中、小不同，在礼节性的场合均要戴之。已婚妇女还有涂搽面孔加以装饰的习俗。

元代妇女金首饰多有精品，如山西灵丘曲回寺村出土了一批金饰银器，有金花步摇、缠枝花耳坠、内向双飞蝴蝶簪、牡丹花金耳坠、双凤金步摇等，金银相间，造型之多，令人目不暇接。

其中金花步摇带宝石重4.8克，通长4.07厘米，宽2.56厘米。步摇的纹饰也是由两股花丝掐制的典型缠枝卷草纹，单股花丝直径0.13毫米。

步摇周围环绕着一圈由小金珠组成的鱼子纹，小金珠直径0.5毫米。中心石碗内镶嵌一颗绿松石，缠枝卷草纹的中心有7个小金珠组成的花朵。

步摇的顶端有一个两股素花丝盘绕的金圈，圈径0.46毫米，像系

■ 元代鎏金发簪

在某一饰物如"簪"或"钗"上。双侧和底部有5个同样的小金圈。步摇的背面用0.06毫米厚的金片合咬在步摇的大边上，大边则是由7圈巩丝、素丝、祥丝组成。

曲回寺出土的金饰共16件，总重121.38克；银器4件，总重295.83克。首饰有蜻蜓金钗一对、牡丹花耳坠一对、双凤金簪一对、飞天金簪一件、柳斗纹银罐一件、银碗两件、龙首盂一件。这批金银饰品的制作工艺可分为掐丝、錾花、浇铸、打胎等。

这批器物，经多位专家鉴定，基本一致断代为元代，可谓元代金银头饰的代表。这些出土的金饰为元代女子的饰品，距今已有七八百年的历史了。

阅读链接

1221年，南宋派都统司计议官赵珙出使燕京，与蒙古议事。赵珙把自己见闻的材料著录成书，这就是《蒙鞑备录》。书中记录了蒙古国的军政、官制、风俗、妇女情况等，是研究当时蒙古和幽燕一带历史的重要史料。

在《蒙鞑备录》一书中，赵珙对蒙古妇女头饰描述道："凡诸酋之妻则有顾姑冠，用铁丝结成，形如竹夫人，长3尺许，用红青锦绣或珠、金饰之，其上又有杖枝，用红青绒饰之。"这些描述为后世了解元代佩饰文化提供了重要的史料。

华彩浓妆

明清时期，是我国封建社会发展的鼎盛时期，佩饰艺术也获得了前所未有的发展，呈现出新的气象。明代灵活的服饰纹样，全民佩玉习俗，妇女的头饰，都给人不同以往的艺术享受。清代服饰图案体系庞大，是我国古代服饰文化中一笔宝贵的财富。尤其清宫后妃的饰物与妆容，达到了内在美和外形美的统一。

明清时期的佩饰都有实用、美饰和标志社会地位的作用，只不过古代佩饰更突出实用性，而后世更着重其美化功能罢了。

明代灵活的服饰纹样

明代的服饰纹样，包括皇帝龙袍的纹样，宫中的时令服装花式，服饰纹样中的吉祥图案、动物图案、自然气象纹、几何图形纹样、人物纹样等，其变化有一定的灵活性。

■ 明代龙袍

明代龙袍中的衮服主要纹饰为十二章，其中团龙12条，用孔雀羽线缂制，前身、后身各3条，两肩各1条，下摆两侧各2条。日、月、星辰、山川纹分布在两肩、盘领背部下方和肩部。4只华虫在肩部下侧。宗彝、藻、火、粉米、黼、黻织成两行，相对排列于大襟上。

明代龙袍中的4条团龙袍

■ 明代贵族服饰

在前胸、后背、两肩各饰团龙纹1条。胸、背为正面龙，两肩为行龙。袍身还织有暗花。

柿蒂形龙袍在盘领周围的两肩和前胸后背部位划出一个柿蒂形装饰区，用金边标示之。在区内前胸后背各饰1条正面龙，两肩各饰1条侧身龙，方向相向，靠近金边用海水江牙纹为饰。金边以外部位织其他暗花，或在前胸后背及两肩各饰2条行龙。

柿蒂形过肩龙袍在盘领周围的柿蒂形装饰区内饰2条过肩龙，龙头1条位于前胸，1条位于后背，均为正面形，龙身各向肩部绕过。明代称这种形式为"喜相逢"。其他部位织暗花。

明代宫中根据时令变化，换穿不同质料的服装，并吸收民间风俗，加饰象征各个时令的应景花纹。

比如五月初五的端午节，宫眷和内臣们穿五毒艾虎补子蟒衣。五毒指蝎子、蜈蚣、蛇虺、蜂、蜮。艾虎为口衔艾叶的老虎，寓意驱毒辟邪。

团龙 龙纹的一种表现形式，以龙纹设于一个既定的圆内，构成圆形的适合纹样，称为"团龙"。团龙纹饰源于唐代，明清两代多用于皇家建筑。"四团龙""八团龙"为明清的冠服图案，后来又发展为"十团龙""十二团龙""十六团龙"等。

又如八月十五的中秋节，宫中赏秋海棠、玉簪花，穿月兔纹衣服。古代神话说月中有月兔，故以玉兔代月。

明代服饰纹样中的吉祥图案，利用象征、寓意、比拟、表号、谐意、文字等方法，以表达它的思想含义。

比如象征方法，就是根据某些花草果木的生态、形状、色彩、功用等特点，表现特定的思想。例如，石榴内多子实，象征多子；牡丹花形丰满色彩娇艳，被诗人称为"国色天香""花中之王""花中富贵"，故象征富贵；灵芝可以配药，久服有健身作用，象征长寿。

明代服饰中常见的动物图案有现实性的动物，如兽类中的狮子、虎、鹿，飞禽类中的仙鹤、孔雀、锦鸡、鸳鸯、鸂鶒、喜鹊，鱼类的鲤鱼、鲇鱼、鳜鱼，昆虫类的蝴蝶、蜜蜂、螳螂等，同时还有想象性的动物龙、斗牛、飞鱼、麒麟、獬豸、凤凰等。

明代服饰中的自然气象纹以云纹最突出，云纹有四合如意朵云，四合如意连云、四合如意七窍连云、四合如意灵芝连云、四合如意八宝连云、八宝流云等。雷纹一般作为图案的衬底。水浪纹多作为服装底边等处的装饰，也有作为落花流水纹的。

明代服饰中的器物纹样有很多，比如，灯笼纹是元宵节应景的纹样；樗蒲纹为散排的两头尖削中间宽大的梭形纹样，梭形内常填以双龙、龙凤、聚宝盆等花纹；八宝纹由珊瑚、金钱、金锭、银锭、方

■ 明代缠枝莲灵仙祝寿女夹衣

胜、双角、象牙、宝珠组成，象征富有；七珍纹由宝珠、方胜、犀角、象牙、如意、珊瑚、银锭组成，同样象征富有。

明代服饰中的几何纹样有3种类型：一是八达晕、天花、宝照等纹样单位较大的复合几何纹，基本骨架由圆形和"米"字格套合连续而成，并在骨架内填绘花卉和细几何纹。这类花纹只少量用于服饰。

二是中型几何填花纹，如盘绦纹、双距纹、球路纹等。有一部分用于日常服装。

三是小型几何纹，如方胜纹，为菱形相叠的纹样，古时称之为长命纹。又如四合和四出纹，四合是向心的，象征团聚，四出是离心放射的，象征发展生长等。

明代服饰中的人物纹样主要有仕女、太子、神仙、佛像以及百子图、戏婴图等。总之，明代服饰纹样体现了当时人们的意识观念，随着时代的变化，旧的意识将渐渐失去原有的现实性，而它们所具有的材质、工艺、色泽、形式的美，则将留给后代以无穷的享受。

阅读链接

自古以来，结婚之时新娘的嫁妆中，就有百子图的锦缎被褥，寓意喜庆和祝福，同时祝愿新娘早得贵子、子孙满堂，在送贺礼的亲友中，也会有人送上百子锦缎被面。

明代有一幅《百子图》绘画，曾是明代服饰纹样中人物纹样的重要题材。《百子图》高210厘米，宽170厘米，距今已经有400多年的历史，属于大型缂丝作品，是明代缂丝艺术的瑰宝。

明代妇女发式与发饰

明代仕女蜡像

　　明代妇女的发式，虽不及唐宋时期丰富多样，但也具有其时代特征。明初女髻变化不大，基本为宋元时的样式。

　　明嘉靖以后，妇女的发式起了明显的变化，诸如桃心髻、双螺髻、假髻、头箍、牡丹头等。

　　桃心髻是明代较时兴的发式，它的变形发式，花样繁多，诸如桃尖顶髻、鹅胆心髻、金玉梅花、金绞丝灯笼簪等。

　　桃心髻是把头发梳理成扁圆形，再在髻顶饰以花朵。以后又演变为金银丝挽结，且将发髻梳高，髻顶亦装饰珠玉宝翠等饰物。

双螺髻的形状类似于春秋战国时期的螺髻，时称"把子"，是江南女子偏爱的一种简便大方的发式，尤其是丫鬟梳理此髻者较多。其髻式特点是丰富、多变，且流行于民间女子。

假髻又称鬏髻，是桃花髻的变形发式，为明代宫中侍女、妇人所钟爱，当时有"宫女多高髻，民间喜低髻"之说。

假髻形式大多仿古，制法为先用铁丝编圈，再盘织于头发之上，即成为一种待用的装饰物。明末清初特别时兴，在一些首饰店铺，还有现成的假髻出售。

■ 明代丫鬟发髻

头箍又名额帕，无论老妇、少女都非常盛行。有人认为头箍是从原"包头"演变而来，最初以棕丝编结而成为网住头发，初时尚宽而后行窄，其实用性为束发用，并兼之装饰性，取窄小一条扎在额眉之上。此装饰物自明代始有。

牡丹头是高髻的一种，苏州流行此式，后逐渐传到北方。明末清初著名诗人尤侗有诗说："闻说江南高一尺，六宫争学牡丹头。"据说这种发式高大，重者几至不能举首，鬓蓬松而髻光润，髻后施双绺发尾。此种发式，一般均充假发加以衬垫。

明代妇女还在发髻上，根据自己的喜好插有各种挂佩及发簪等。比如明代妇女在假髻上常常戴有云

尤侗（1618年～1704年），字展成，一字同人，早年自号三中子，又号悔庵，晚号良斋、西堂老人、鹤栖老人、梅花道人等，苏州府长洲人，即现在的江苏苏州。明末清初著名诗人、戏曲家。曾被清顺治誉为"真才子"；清康熙誉为"老名士"。著述颇丰，有《西堂全集》。

时尚的佩饰

陈洪绶（1598年
~1652年），字章
侯，幼名莲子，一
名胥岸，号老莲，
别号小净名，晚
号老迟、悔迟，
又号悔僧、云门
僧，浙江诸暨市
枫桥镇陈家村人。
明末清初书画
家、诗人。一生
以画见长，堪
称一代宗师，名
作有《九歌》
《西厢记》插图
以及《水浒叶子》
《博古叶子》等
版刻。

■ 整理发髻的明代
贵族妇女蜡像

髻、莲花冠等，她们最通行的做法，是用髻、云髻或冠，把头发的主要部分，即发髻部分，包罩起来。

明代出嫁了的妇女一般都要戴髻，它是女性已婚身份的标志。未婚女子就不能戴髻，要戴一种叫"云髻"的头饰。如古典言情小说《金瓶梅》中的春梅在只是通房丫鬟的时候，就戴银丝云髻、翠花云髻，其他3个通房大丫鬟也都戴同样的云髻。

比髻更高一级的是"冠"，这是官宦人家的正室夫人才能享受的特权。因此，"戴珠冠"在当时就成了做诰命夫人的代名词。事实上，明代宫中妃嫔的日常打扮，与民间相差不远，只是在材料上更豪华、更奢靡而已。

陈洪绶是明代末年的著名画家，尤其擅长仕女画。他的创作态度认真，随时吸收唐宋绘画的优良传统，而又不断创新，所绘作品勾勒精细，设色清雅，形成一种独特的风格。

《夔龙补衮图》是陈洪绶的代表作之一，画面共

3个仕女，前面一个年龄稍大，穿着比较华丽，可能是一个贵妇，另外两个年龄幼小，似宫女身份。其中一人手中托着一件衮服。3个妇女的服装，样式基本一致，都是宋代时期的典型装束，有的肩上还搭有云肩。有了这幅画，后人有幸得以了解明代妇女装饰的形象。

明代妇女在腰带上往往挂上一根以丝带编成的"宫绦"，宫绦的具体形象及使用方法在本图中反映得比较明确，一般在中间打几个环

结，然后下垂至地，有的还在中间串上一块玉佩，借以压裙幅，使其不至散开而影响美观，作用与宋代的玉环绶相似。

另外，贵妇的发髻之上还插有簪钗头面，这些都是明代贵族妇女常用的饰物，其质料随人的身份而定。

阅读链接

明代女性的整体造型基本上呈"金字塔形"。这是因为她们下面的裙子一般都追求宽松，这就使得人的整体外形在裙底部位最宽，越往上越向内收缩，而金字塔的顶尖，就收在髻的尖头上。

《明宪宗元宵行乐图》又名《宪宗行乐图》，出自明代宫廷画师之手，画宫廷模仿民间习俗放爆竹、看杂剧的情景。画中的宫妃形象，就是金字塔式造型。她们所戴的髻是圆锥状，顶上是个尖头，造型比一般民间所用的还要夸张，可见明代宫廷妃嫔衣着拘谨和一身"拙趣"。

清代独特的服饰图案

康熙朝服像

清代服饰图案是我国传统服饰文化中的一个庞大的图案体系，以其众多的品种和数量、深厚的思想内涵、独特的艺术表现力，成为我国传统服饰文化艺术领域一个重要组成部分。

比如清代皇帝的朝服，其纹样主要为龙纹及十二章纹样。一般在正前、背后及两臂绣正龙各1条；腰帷绣行龙5条，折裥处前后各绣团龙9条；裳绣正龙2条、行龙4条；披肩绣行龙2条；袖端绣正龙各1条。

十二章纹样为日、月、星辰、山、龙、华虫、黼、黻八章在上衣上；其余四种藻、火、宗彝、米粉在下裳上，并配用五色云纹。

据文献记载，清朝皇帝的龙袍，也绣有9条龙。从实物来看，前后只有8条龙，与文字记载不符，缺1条龙。其实这条龙是客观存在着，只是被绣在衣襟里面，一般不易看到。这样一来，每件龙袍实际为9条龙，而从正面或背面单独看时，所看见的都是5龙，与"九五"之数正好相吻合。

再如清代补服。补服也叫"补褂"，是清代主要的一种官服，补服中的圆形补子是区分官职品级的主要标志。皇子的龙褂为石青色，绣五爪正面金龙4团，前后两肩各1团，间以五彩云纹。亲王绣有五爪龙4团，前后为正龙，两肩为行龙。郡王绣有行龙4团，前后两肩各1团。贝勒绣有四爪正蟒2团，前后各1团。贝子绣有四爪行蟒2团，前后各1团。

霞帔从宋代以来作为贵族妇女即命妇的礼服，随品级的高低而不同。清代命妇礼服，以凤冠、霞帔为之。清代霞帔演变为阔如背心，霞帔下施彩色流苏，是诰命夫人专用的服饰。中间缀以补子，补子所绣样案图纹，一般都根据其丈夫或儿子的品级而定，武官的母、妻不用兽纹，而用鸟纹。

清代服饰图案的艺术表现和装饰作用达到了极高的艺术水准。它融合了之前历代服饰图案的精髓，满

■ 清代五福捧寿漳缎织外长褂

九五 九，谓阳爻；五，第五爻，指卦象自下而上第五位。九五代指我国古代的皇帝之位，皇帝乃上天之子，即中有正，古称之为九五之尊。语出《易·乾》："九五，飞龙在天，利见大人。"后以"九五"来代指帝位。

族、汉族和其他少数民族相互影响、相互借鉴，使图案形意结合、指物会意，以及以纯粹的符号形式表现出多元的情感层面。

形意结合是指图案的外形、造型。清代服饰图案的取材多是围绕着民众社会中备受关注的现实问题，习惯将物质的或精神的功利目的视为创作的一种艺术追求。

比如，金玉满堂，金鱼和藻纹填满圆形空间，借"玉"与"鱼"的谐音，"堂"与"塘"的谐音，组成金玉满堂图案，象征富有、幸福，或人才出众、学识渊博。

指物会意是指将人们对某些事物的感受与美好愿望联系在一起，借助某些动物、花鸟、鱼虫等美好事物，以间接隐喻的形式体现对美好理想的追求。

比如，五福捧寿，5只蝙蝠围在一个寿字旁边。古人有"五福"之说，一是长寿延年，二是富贵多财，三是健康安宁，四是积德行善，五是无病而终。表达对人生幸福的追求。

清代被广泛使用的图案还有：鹤、龟、松、柏、桃，寓意长寿；蝙蝠，寓意幸福；并蒂莲花、双飞燕、鸳鸯，寓意夫妻恩爱，永结同心；牡丹，寓意富贵；菊花，寓意千秋；瓶子，寓意平安；葡萄、石榴、莲蓬内多子，葫芦、瓜的藤蔓不断延伸生长，寓意多子多孙、家族昌盛；蝶恋花，寓意男女爱情，等等。

图腾崇拜是一种原始的宗教形式，是万物有灵信仰观念的具体化表现。清代服装上的图腾符号也

■清代补服图案

是一种古老的信仰、一种精神力量。

比如龙凤呈祥，龙被尊称为神圣吉祥之物，是中华民族从古至今图腾的象征。其造型融多种吉祥动物的特征于一体：鹿角、牛头、蟒身、鱼鳞、鹰爪，口角旁有须髯，颔下有珠，它能巨能细，能

清代红地喜相迎刺绣女服

幽能显，能兴云作雨，降妖伏魔。龙是英勇、尊贵、权威的代表，凤是真、善、美的化身，两者结合则是太平盛世、高贵吉祥的表现。民间把结婚之喜比作"龙凤呈祥"，也是对富贵吉祥的希望和祝愿。

总之，清代服饰图案格调欢快风趣，寓意悠远深刻，造型精美圆满，已超越了单纯的图案形象，折射出民族的心理、情感、愿望，体现出中华民族传统服饰图案的个性、民族特色和文化精神。

阅读链接

清代服饰图案可谓我国古代服饰文化的一大亮点，既具有中华民族传统精神，又显示出民族特色。与之交相辉映、相得益彰的清代佩饰，无疑给清代服饰图案增添了诸多色彩。

清代的佩饰种类及样式都很多，形状小巧，材质多样，有翠玉、青金石、檀香木、金箔、珊瑚、玻璃等不同材料。另外，还有各种各样的刺绣小品，比如香囊、香袋、扇套、火镰袋、斋戒牌等。这些都是清代佩挂在腰间的佩饰，无论男女都作为随身携带的赏玩之物，晚清尤为盛行。

清代后妃饰物与妆容

　　清代努尔哈赤时期没有后妃制度，当时称之为"福晋"或"格格"。皇太极始定后妃之制。清代后妃作为一个特殊的群体，她们的发式、饰物、妆容，具有显著的民族特征和独特的风韵。

　　满族妇女头上又宽又长、似扇非扇、似冠非冠的头饰十分引人注目，这种头饰的名字叫扁方，俗称"发式"，包括"水葫芦""大拉翅"等名称。

　　扁方是满族妇女梳两把头时的主要首饰。横插于发髻之上的类似发冠一样的扁方长32厘米至33.5厘米，宽4厘米左右，厚0.2厘米至0.3厘

金錾花嵌珠宝扁方

米。呈尺形，一端半圆，另一端似卷轴。其作用类似古代男子束发时用的长簪，也许扁方就是由此而演变过来的。

扁方质地多为白玉、青玉，少数为金、银制品。王室贵族妇女用扁方从质地到样式制作都堪称精美绝伦，在扁方仅一尺长的窄面上，透雕出的花草虫鸟、瓜果文字、亭台楼阁等图案惟妙惟肖，栩栩如生。

王妃贵妇们戴着扁方时，故意把两端的花纹露出，以引人注意。在扁方上缀挂的丝线缨穗，据说是与脚上穿的花盆底鞋遥相呼应，使之行动有节，增添女人端庄秀美的仪态。每逢喜庆吉日或接待贵客时满族妇女便要戴上扁方了。戴上这种宽长的扁方，限制了脖颈扭动，使之身体挺直，再加上长长的旗袍和高底旗鞋，使她们走起路来显得分外稳重、文雅。

水葫芦发式俗称"水鬓"，即挑下两鬓微弱之发，用刨花水傍耳根梳理成钩形，丰腴面颊，相衬如桃花带雨，格外美观。

刨花水古称黏头树，黏头树即榆树。榆木刨成刨

旗鞋 指的是清代花盆底鞋。满族妇女的鞋称为"旗鞋"，极富特色。由于满族妇女从小骑马，从不裹脚，她们习惯穿这种鞋，尤其是贵族妇女，普遍穿这种鞋，所以称为"旗鞋"。旗鞋以木为底，史称"高底鞋"，或称"花盆底"鞋、"马蹄底"鞋。

花，用热水浸泡，便会渗出黏稠的液体来，后将此液灌入刨花缸，用小毛刷蘸取搽在头发上，光可鉴人，又便于梳理定型，且能散发出淡淡芬芳，还具有润发乌发之功效。它是一种名副其实的天然绿色美发用品。

清代后妃们就用蘸了刨花水的筚子捵头发。筚子是妇女梳头时抹油等用的小刷子。据说慈禧太后就派人将榅子、核桃仁、侧柏叶一同捣烂了，泡在雪水里和刨花水兑着用。因为她是油性发质，经常掉发，当时的御医还专门给配了捵头的方子，用了薄荷、香白芷、藿香叶、当归等中药。结果70多岁时，慈禧的头发还像黑色的天鹅绒。

大拉翅又称大京样、大翻车、达拉翅。它以头顶发髻为"头座"，在上面加戴青色素缎或纱绒架制成的发饰，脑后也留"燕尾儿"。这种发式清末流行于北京，而且越加越高，发展成类似后来"发式板"的式样，并在正面饰以花朵，侧面悬挂流苏，东北一些地区叫它"京样"或"宫装"。

大拉翅头饰是形似一个扇面的硬壳，有尺把高。里面是用铁丝按头围大小做一圆箍，再用布袼褙做胎，外面包上青缎子或青绒布，做成一个固定的装饰性的大两把头，再插一些用青素缎、青绒、青直径纱或绢制的花朵。需要时，戴在头上即可，无须梳拢，不用时取下搁置一边。既起到美饰头发的作用，又摘戴方便自如，可谓两全其美。

因大拉翅以粗铁丝做架，承重性较强，上面设有插簪、钗、流苏、疙瘩针、挖耳勺、头花等固定装置，满足了同时戴众多首饰的需要。直到清末，大拉翅仍为满族妇女的主要发饰，无论官宦命妇还是民间女子都纷纷效仿。

上述发式除贵族妇女外，很少有人在日常这样打扮。原因是既费时间又费劲儿，而且必须由别人帮助完成。梳好后不能随意俯仰枕靠，无论站或坐都要直着脖子，虽然漂亮，但是并不舒服。民间除在婚礼等隆重场合或年轻姑娘媳妇儿过年时梳外，很少能见到。

簪子是满族妇女梳各种发髻必不可少的首饰。通常满族妇女喜欢在发髻上插饰金、银、珠玉、玛瑙、珊瑚等名贵材料制成的大挖耳子簪、小挖耳子簪、珠花簪、压鬓簪、凤头簪、龙头簪等。

簪子种类虽然繁多，但在选择时还要根据每个人的条件和身份来定。比如入关前，努尔哈赤的福晋和

袼褙 是以旧布片粘贴而成的布壳子，是过去农村妇女做鞋的必备材料。打袼褙时，在平光的木板上，用糨糊一层层粘贴旧布片，贴好后将其放到室外晾晒，待干后从板面上揭下来就成了袼褙。有了袼褙、布料和鞋样就可以开始做鞋了。

时尚追求

华彩浓妆

■ 清代宫女蜡像

东珠 满语为"塔娜"。清代产于东北地区的珍珠称为东珠或北珠,用于区别产自南方的南珠。它产于黑龙江、乌苏里江、鸭绿江及其流域。东珠镶嵌在表示权力和尊荣的冠服饰物上,以镶嵌多少东珠,表示身份并显现皇家的权威。

诸贝勒的福晋、格格们,使用制作发饰的最好材料首选东珠。200年后渐渐被南珠,即合浦珠所取代。

与珍珠相提并论的还有金、玉等上乘材料,另外镀金、银或铜制,也有宝石翡翠、珊瑚象牙等,做成各种簪环首饰,装饰在发髻之上,这若是同进关以后相比,就显得简单多了。

清入关以后,由于受到汉族妇女头饰的影响,满族妇女,特别是宫廷贵妇的簪环首饰,就越发讲究。如1751年乾隆皇帝为其母办六十大寿时,在恭进的寿礼中,仅各种簪子的名称就让人瞠目结舌,如事事如意簪、梅英采胜簪、景福长绵簪等。这些发簪无论在用料上,还是在制作上,无疑都是精益求精的上品。

从清代后妃遗留下来的簪饰来看,簪分两种类型。一是实用簪,多用于固定发髻和头型用的;二是装饰簪,多选择质地珍贵的材料,制成图案精美的簪头,专门用于发髻梳理后戴在明显的位置上。

头簪作为首饰戴在头上,不仅起到了美饰发髻的作用,簪头制成的寓意吉语还有托物寄情、表达心声意愿的美好追求。

满族妇女除了簪子外,还普遍喜欢在发髻上插饰花朵,将硕大的花朵戴在头上历来是满族的传统风俗。

头花是簪发展而来的首饰。头花大多以珍珠、宝石为原料,

■ 清代镀金点翠簪子

清代嵌宝石金发簪

满族妇女在梳头时，把大朵头花戴在头正中，称为头正，也有选用两朵相同颜色和造型的分插头的两端，俗称压发花，又称压鬓花。

满族妇女最偏爱的头花当属绒花，尤其是在女儿出嫁时，头上必须戴红色绒花，图红火吉利，据说汉语中的"绒花"，与满语中的"荣华"近音，因此，便有戴绒花即为荣华富贵之意。

在满族妇女中，只要条件允许，不仅婚礼喜庆日时要戴绒花，而且一年四季都愿意头戴绒花，求谐音吉祥。尤其到应时节序戴应季绒花：立春日戴春幡，清明日戴柳枝，端阳日戴艾草，中秋日戴桂花，重阳日戴茱萸，立冬日戴葫芦阳生，等等。

清宫后妃们的头花，还有大批的绒花、绢花、绫花流传于世，这些花色彩协调，晕色层次丰富，堪称"乱真"之花。

清代遗留下来的绒、绢、绫、绸等质地的头花有白、粉、桃红三晕色的牡丹花，浅黄、中黄、深黄三色的菊花，白、藕、雪青三色的月季花及粉、白相间的梅花等，历时百年之久，仍鲜艳悦人。

勒子，俗称"包头"，北方人称其为"脑包"，是一条中间宽两头窄的长条带子，戴在额眉之间。清代妇女戴勒子，沿袭明代旧制。

明末清初，正是勒子盛行之时，无论宫廷贵妇还是民间女子都掀起遮眉勒热，由于贫富之别，勒子的质地以及勒子上缀的饰物都有差别。这种遮眉勒在北方比较实用，因此流行起来经久不衰。除勒子外，还有一种金约，类似勒子形制，但比勒子还要窄些。

流苏是满族妇女十分喜爱的首饰，其造型近似簪头，但在簪头的顶端垂下几排珠穗，随人行动，摇曳不停。

满族妇女所喜爱的流苏多种多样。顶端有凤头的、雀头的、花朵的、蝴蝶的、鸳鸯的、蝙蝠的，等等；下垂珠串有一层、两层、三层不等。

现在北京故宫珍宝馆展出的清代后妃首饰中，有一件"穿米珠双喜字流苏"，它是皇帝大婚时皇后戴的。顶端是一羽毛点翠的蝙蝠，蝙蝠嘴里衔着两个互套在一起的小金环，连接着一个羽毛点翠的流云如意头。如意头下平行缀着3串珍珠长穗，每串珠又平均分成3层，每层之间都用红珊瑚雕琢的双喜字间隔。串珠底层用红宝石作为坠角。整个流苏自顶端到坠角长28厘米，是流苏中较长的一种。这种长流苏一般歪插在发髻顶端，珠穗下垂，刚好与肩膀平。

清代银鎏金发簪

■ 清代补花春秋帽

清代步摇大多采用了明代焊接制作的新工艺。现存实物中有一件"点翠嵌珠凤凰步摇"，就是使用了金属焊接做底托，凤身用翠鸟羽毛装饰，其眼与嘴巴用红色宝石、雪白的米珠镶嵌，两面嵌红珊瑚珠。凤身呈侧翔式，尖巧的小嘴上衔着两串十多厘米长的小珍珠，坠角是一颗颗翠做成的小葫芦。整个步摇造型轻巧别致，选材精良，实为罕见。

清宫后妃以滋养皮肤为主，化淡妆。使用的化妆品，分为化妆与护肤两种。化妆包括香粉、胭脂、唇膏、黛石等。香水、花露油属于护肤化妆品。

清宫后妃春秋两季用苏州和杭州产的宫粉敷面，还有南京和扬州的胭脂涂腮、点唇，这两种化妆品都是用自然植物加中药和含有少量的铅白粉配制成的。

康乾年间，英法等国经广东粤海关向清宫恭进许多丁香油、檀香油、玫瑰油等天然香料。

爱美是人的天性。生活在清代宫廷的女人，上至皇后下至宫女，自被入选进宫的那一天起，都把命运与"美"连在一起。

康熙初年，其祖母孝庄皇太后就为清宫后妃、女子的衣着及化妆立下严格的制度，宫女平时不许涂脂抹粉，打扮妖艳，后妃化妆要得体，衣着首饰有等级，面色化妆要清新、自然、得体，每张面孔都应像宝石、玉器那样，由里而外透着滋养的润泽。为了护养光洁的肌肤，只许在晚上搽粉，白天要洗掉，伺候皇后及各宫主位，不能喧宾夺主。

清宫后妃的打扮，都要受这些规矩的约束，言谈举止，矜持典雅，行动坐卧有节含蓄，仪表修饰要遵守三从四德，更要与自己的身份等级相辅相成。

皇帝是一国之君，皇帝的权力是"神"授予的，皇帝是集人、神于一体的，清宫内的一切都是以其为轴心而转动的，皇后、妃嫔如众星拱月一样分布在皇帝左右陪衬着。因此后妃除了要忠诚、温柔、体贴、善解人意外，还应具备雍容大度的仪表，妇容要想着春天永驻，这样带给皇帝的永远是一片春意盎然、如花似玉、笑口常开的自然美。

随着社会的发展，到了近现代，我国妇女的发型、饰物、妆容则可以随意改变，种类繁多，广大女性可以根据自己的意愿随意选择自己喜爱的化妆发式。

阅读链接

慈禧爱美成癖，一生喜欢艳丽服饰，尤其偏爱红宝石、红珊瑚、翡翠等质地的牡丹簪、蝴蝶簪。慈禧27岁便成了寡妇。按满族的风俗，妻子为丈夫要戴重孝，释服27个月。头上的簪子要戴不经雕饰的骨质的或光素白银的。慈禧下旨令造办处赶打一批银制、灰白玉、沉香木等头簪。于是，这批素首饰陆续送到慈禧面前。

慈禧每天勉强插戴，极不情愿。释服期满，这批首饰全部被打入冷宫。慈禧又戴上精湛华贵的艳丽头簪，直到老年此习不改。